中等职业教育国家规划教材

全国中等职业教育教材审定委员会审定

农田灌溉与排水

农业水利技术专业

李宗尧　于纪玉　合编

中国水利水电出版社
www.waterpub.com.cn

内 容 提 要

本书是中等职业学校农业水利技术专业及水利类相关专业的规划教材，也可供从事农田水利工作的技术人员参考。

全书共七章，主要内容包括：灌溉用水量、灌溉水源与灌区水量平衡计算、灌溉渠系规划设计、田间工程与灌水方法、排水系统规划设计、井灌规划等。

图书在版编目（CIP）数据

农田灌溉与排水/李宗尧，于纪玉编．—北京：中国水利水电出版社，2003（2021.6 重印）

中等职业教育国家规划教材

ISBN 978-7-5084-1349-5

Ⅰ．农… Ⅱ．①李…②于… Ⅲ．①灌溉-专业学校-教材②农田水利-排水-专业学校-教材 Ⅳ．S27

中国版本图书馆 CIP 数据核字（2003）第 000742 号

书　　名	中等职业教育国家规划教材 **农田灌溉与排水**（农业水利技术专业）
作　　者	李宗尧　于纪玉　合编
出版发行	中国水利水电出版社 （北京市海淀区玉渊潭南路1号D座　100038） 网址：www.waterpub.com.cn E-mail：sales@waterpub.com.cn 电话：（010）68367658（营销中心）
经　　售	北京科水图书销售中心（零售） 电话：（010）88383994、63202643、68545874 全国各地新华书店和相关出版物销售网点
排　　版	中国水利水电出版社微机排版中心
印　　刷	北京市密东印刷有限公司
规　　格	184mm×260mm　16开本　9.5印张　225千字
版　　次	2003年1月第1版　2021年6月第4次印刷
印　　数	8101—11100册
定　　价	**34.00**元

凡购买我社图书，如有缺页、倒页、脱页的，本社营销中心负责调换

中等职业教育国家规划教材

出版说明

为了贯彻《中共中央国务院关于深化教育改革全面推进素质教育的决定》精神，落实《面向21世纪教育振兴行动计划》中提出的职业教育课程改革和教材建设规划，根据教育部关于《中等职业教育国家规划教材申报、立项及管理意见》（教职成[2001]1号）的精神，我们组织力量对实现中等职业教育培养目标和保证基本教学规格起保障作用的德育课程、文化基础课程、专业技术基础课程和80个重点建设专业主干课程的教材进行了规划和编写，从2001年秋季开学起，国家规划教材将陆续提供给各类中等职业学校选用。

国家规划教材是根据教育部最新颁布的德育课程、文化基础课程、专业技术基础课程和80个重点建设专业主干课程的教学大纲（课程教学基本要求）编写，并经全国中等职业教育教材审定委员会审定。新教材全面贯彻素质教育思想，从社会发展对高素质劳动者和中初级专门人才需要的实际出发，注重对学生的创新精神和实践能力的培养。新教材在理论体系、组织结构和阐述方法等方面均作了一些新的尝试。新教材实行一纲多本，努力为教材选用提供比较和选择，满足不同学制、不同专业和不同办学条件的教学需要。

希望各地、各部门积极推广和选用国家规划教材，并在使用过程中，注意总结经验，及时提出修改意见和建议，使之不断完善和提高。

教育部职业教育与成人教育司

2002年10月

前　言

《农田灌溉与排水》是根据中等职业学校农业水利技术专业（重点建设专业）主干专业课程《农田灌溉与排水》教学大纲进行编写的。全书共分七章，主要介绍农田灌溉与排水的基本理论、灌排工程规划设计的基本方法、灌排水技术的基本知识等。

我们本着突出实用、注重创新、服务培养目标、紧扣教学要求的原则进行编写，内容上力求深浅适宜，避免偏多偏深；文字力求精炼，叙述通俗易懂，可读性强；注重理论联系实际，多举示例；尽可能反映近年来农田灌溉与排水方面的新技术、新方法、新成果、新工艺、新规范。

本书由山东水利职业学院于纪玉副教授（第五、六、七章）和安徽水利水电职业技术学院李宗尧副教授（第一、二、三、四章）合编。全书由李宗尧副教授统稿。

本书经全国中等职业教育教材审定委员会审定，由华中科技大学张勇传院士担任责任主审，武汉大学郭元裕、雷声隆教授审稿，中国水利水电出版社另聘北京水利水电学校胡希文主审了全稿，提出了许多宝贵的修改意见，在此一并表示感谢。

书中存在错误和不妥之处，恳请广大师生和读者批评指正。

编　者

2002年6月

目　录

第一章　绪　　论

第一节　灌溉排水在我国农业发展中的作用

中国是一个农业大国，又是一个水资源不足、时空分布不均衡、旱涝灾害频繁的国家。因此，灌溉排水事业对我国农业生产的发展具有十分重要的意义。

我国地处欧亚大陆东部，属北温带和亚热带，气候适宜，热资源充足，水稻、小麦、大豆、玉米等粮食作物和棉、麻、油、糖等经济作物均可种植，不少地区农作物可一年两熟或三熟。我国地势西高东低，水系纵横交错，既为灌溉提供了水源，也为排水提供了出路。

但是，我国人多地少，降水和水资源时空分布不均，自然灾害频繁，可供利用的水资源不足，给农业生产的发展带来了不利影响。

据统计，我国总耕地面积约1.3亿hm^2（19.51亿亩），仅占国土面积的13.7%，人均耕地仅有1.59亩，相当于世界人均耕地3.75亩的43%，不到印度的1/2，加拿大的1/5，美国的1/6，甚至俄罗斯的1/8。全国现有666个县低于联合国粮农组织确定的人均耕地0.8亩的警戒线。

我国降水总量较少，降水分布不均。年均降水总量为61889亿m^3，折合年降水深648mm，既小于全球陆面年均降水深，也小于亚洲陆面年均降水深。我国地域辽阔，地形变化复杂，全国降水量在地区上的分布极不均衡，总的趋势是由东南沿海向西北内陆地区递减，东南沿海年均降水量超过1600mm，西北的荒漠地区年均降水量则不到200mm。秦岭、淮河以南年均降水量一般在800mm以上，属湿润和半湿润地区；秦岭、淮河以北年均降水量一般小于800mm，属于干旱和半干旱地区。由于天然降水量不能满足农作物的需水要求，必须采取灌溉措施才能保证农作物丰收。

降水量年际和年内变化很大。我国南部地区最大年降水量一般是最小年降水量的2～4倍，北部地区一般是3～6倍，且常有连续丰水年和连续枯水年出现。据资料分析，20世纪30年代是丰水期，40年代是相对枯水期，50～60年代初是丰水期，1963～1990年又经历了较长时间的枯水期。1991～1998年，我国连续发生了5年流域性大洪水。全国多数地区的雨季为4个月，南部多在4～7月份，4个月的降水量占年降水量的50%～60%；北部多在6～9月份，4个月的降水量约占年降水量的70%～80%。我国最大与最小月降水量的比值一般可达十几倍或几十倍。

水资源总量相对不足，时空分布不均。我国年均水资源总量为28124亿m^3，居世界第6位，而人均水资源占有量仅为2200m^3，只相当于世界人均占有量的1/4，居世界第121位。我国年均河川径流量为27115亿m^3，折合年径流深284mm，低于全球315mm的年均径流深。因降水是我国河川径流最主要的补给来源，所以，我国河川径流量的时空分布和降水量的时空分布有着基本一致的规律和特征，河川径流的年际和年内变化与降水量的年际和年内变化有着十分密切的相关关系。降水量多的湿润地区一般也是河川径流量充沛的丰水地区，降水量少的干旱地区往往也是河川径流量贫乏的缺水地区。我国南部地区最大年径流量一般为最小年径流量的2～4倍，北部地区一般为3～8倍。多数地区连续4个月的最大径流量一般占全年径流量的60%～80%。

降水和水资源的地区分布与人口和耕地的分布很不适应，资源组合不合理。我国水资源分布形成南部有余，北部不足的不利局面，影响和制约着农业的布局与发展。长江及其以南各流域，年径流量占全国年径流总量的82%，但耕地面积只占全国总耕地面积的38%，人口占全国总人口的54.7%；黄、淮、海三大河流域，年径流只占全国年径流总量的6.6%，但耕地面积却占全国总耕地面积的38.5%，人口占全国人口总数的34.7%，水土资源组合与人口分布极不平衡。

水旱灾害严重制约着我国农业生产的发展。降水量和水资源量的时空分布不均衡是造成水旱灾害的根本原因。据史料记载，从公元前206年到1949年的2155年间，我国共发生过较大的水灾1029次，较大的旱灾1056次，几乎年年有灾。从1950～1986年，全国平均每年水旱灾害受灾面积0.267亿hm^2（4亿多亩），成灾面积0.13亿hm^2，占耕地面积的10%以上，其中每年旱灾面积约0.23亿hm^2，成灾面积0.067亿hm^2。20世纪80年代后，全国水旱灾害呈增加的趋势。80年代全国年均受灾面积0.34亿hm^2，成灾面积0.167亿hm^2；90年代增加到0.447亿hm^2，成灾面积0.227亿hm^2，每年减产250亿kg。我国每年水灾面积0.067多亿hm^2，主要发生在东部大江大河的中下游地区，其中以黄淮海地区和长江中下游地区最为严重，受灾面积约占全国的3/4以上。我国大部分地区都有可能发生旱灾，其中松辽平原、黄淮海平原、黄土高原、四川盆地以及云贵高原等地，旱灾次数较多，灾情较为严重，全国约有70%的受灾面积分布在这些地区。尤以黄淮海平原旱灾最为严重，其受旱面积约占全国受旱面积的一半以上。

但应该看到人类活动是造成灾害频发和加重灾害程度的另一重要原因。随着经济社会的发展，人类向大自然无节制的索取，产生了一系列的问题。如由于生态环境破坏，水土流失严重，造成江河湖库淤积；过度围湖造田，侵占河道，降低了河湖库的行、泄洪能力和调蓄能力，加剧了洪水灾害；水体污染，造成了严重的水质性缺水和生态问题。我国水污染日趋严重，水资源供需矛盾日益加剧。全国每年排放废污水总量近600多亿t，其中约80%未经处理直接排入水域。据调查，全国90%以上的城市水域被污染，并迅速向农村蔓延。日趋严重的水污染不仅破坏了生态环境，而且进一步加剧了本来就十分严峻的水资源短缺的矛盾。由于缺水，导致过量开采地下水，产生许多不良后果，如单井出水量减少，提水成本增加，浅井报废，机泵更换，海水入侵，水质恶化，地面下沉等，对经济建设造成极为不良的影响。

综上所述，我国农业生产的发展有着有利的条件，但人多地少，水资源不足，降水量时空分布不均，与农业用水要求很不一致，供需矛盾突出，水旱灾害频繁，生态环境恶化，影响范围遍及全国。在这种特定的自然条件和人类活动的影响下，只有通过兴修灌溉排水工程，强调水资源的合理开发、利用、治理、节约、保护和优化配置，提高抵御水旱灾害和水资源的承载能力，强化人与自然和谐相处意识，才能为农业生产创造一个良好的发展环境。

第二节 灌溉排水事业的发展

几千年来，我们的祖先为了抵御自然灾害，发展农业生产，很早就兴修了灌溉排水工程。大禹治水的传说，反映了我国治水历史的悠久。3000多年前，商代出现了用作灌溉排水的“沟洫”；公元前6世纪，楚国人民兴建了芍陂（今安徽省寿县城南30km的安丰塘），它是利用天然湖泊构筑周长65km的塘堤，形成总库容为1.71亿m^3的大型水库，引蓄淠河水进行灌溉，这是我国有历史记载的最早的蓄水灌溉工程；公元前4世纪，魏国时期西门豹治邺（今河北临漳）时，在漳水两岸修建了兼起分洪作用的12条灌溉渠道，这是我国最早的引水灌溉工程；公元前256年，秦国蜀郡守李冰带领百姓在岷江上兴修了我国古代最大的灌溉工程——都江堰，渠首位于四川省灌县（今四川省都江堰市），灌区内有干、支渠500多条，总长度约1200 km，灌溉农田20多万hm^2（300多万亩），使成都平原成为“水旱从人，不知饥馑”的“天府之国”。后经多次改建和扩建，一直沿用至今，发挥了巨大的工程效益，现已成为灌溉34个县市66.67多万hm^2（1000多万亩）农田的大型灌区。这项工程规划合理、设计精巧、管理完善，具有很高的科学性和创造性，充分显示了我国古代劳动人民的聪明才智。战国时期，在陕西省境内开凿了150km长的郑国渠，沟通了泾水和北洛水，灌溉农田上百万亩；还有白渠、龙首渠，宁夏的秦渠、汉渠、唐徕渠，均已有上千年历史，至今还发挥着效益。20世纪30年代，陕西省建成泾惠、洛惠、渭惠等大型自流灌区，积累了一套灌区建设和管理的经验，为农田灌溉发展史谱写了新篇章。

在防洪、除涝、排水方面，大约3000年前我国已采用井田沟洫制，有了相当完备的明沟排水系统。唐宋时期已出现大型排水工程，如河北沧州的无棣沟、任丘县的通利渠等。五代时期，在江苏太湖流域已建成纵横交错的河网，既可用以灌溉，又可进行除涝和航运。

我国灌溉排水有着悠久的历史，历代劳动人民创造了许多宝贵的治水经验，为我国农业生产的稳步发展奠定了良好的基础。但是漫长的封建社会，我国农业生产发展缓慢，以灌溉排水为主要内容的农田水利建设停滞不前。到1949年中华人民共和国成立时，全国仅有灌溉面积0.16亿hm^2（2.4亿亩），灌排工程的基础十分薄弱。

新中国成立50多年来，农田灌溉排水事业取得了巨大成就。至2000年年底，我国已建成大、中、小型水库8.5万余座，总库容达5183亿m^3；全国有效灌溉面积累计达0.55亿hm^2（8.25亿亩）；节水灌溉面积达0.167亿hm^2（2.5亿亩），其中喷灌、滴灌和微灌等现代化节水灌溉面积已超过173.3万hm^2；配套机井398万眼，每年提取利用地下水850多亿m^3，灌溉农田0.148亿hm^2（2.22亿亩）；机电排灌站50余万处，机电排灌面积0.3687亿hm^2，排灌机械装机容量4157万kW；万亩以上灌区5683处，灌溉面积0.245亿hm^2；除涝面积累计达0.21亿hm^2，占全国易涝面积的85%；盐碱地改良58.67万hm^2，占盐碱耕地的76%；治理渍害低产田330多万hm^2，占渍害低产田的33%以上。灌溉排水工程在抵御水旱灾害、保障农业生产方面发挥了巨大的作用，取得了显著的效果。许多灌区，如宁夏、内蒙古、河南等省（自治区）的引黄灌区，四川省的都江堰灌区，陕西省的泾惠渠、洛惠渠和宝鸡峡引渭灌区，安徽省的淠史杭灌区，湖南省的韶山灌区等，都已成为中国商品粮的重要基地。50多年来，我国人口增长了1倍，人均耕地减少50%，但人均灌溉面积却增加了50%，全国粮食总产量增加4倍多，其中占全国总耕地面积1/3的灌溉土地上生产了占全国75%的粮食、80%的棉花和90%的蔬菜。尽管粮食增产是由各种农业技术措施综合作用的结果，但灌溉发展所起的主导作用则毋庸置疑。我国能以占世界不足10%的耕地养活了占世界22%的人口，灌溉的确发挥了巨大作用。

但是，应该看到我国灌溉排水工程的现状还远不能适应现代农业生产发展的需求，面临的形势依然十分严峻。目前，全国还有2/3的耕地没有灌溉设施，即使有灌溉设施的耕地抗旱标准也不高，农业整体上还没有摆脱靠天收的局面；灌溉排水设施老化失修，效益衰减，严重威胁到农业基础的稳定；灌水技术落后，用水浪费严重，直接妨碍农业现代化的发展；不少农田灌排工程还遭到一定程度的破坏，排灌无法正常进行；有些灌区工程不配套，设备利用率低，效益不高；许多灌排工程管理技术落后，管理水平低下。据统计，全国248座大型灌区和100多座大型排灌站，有1/3严重老化失修；全国灌溉水平均利用率仅为0.4左右，比发达国家低0.25～0.30；吨粮耗水1330m^3，比发达国家高300～400m^3。我国现阶段的节水灌溉还处于低水平发展阶段，田间灌溉多属传统的地面灌溉方式，喷灌、微灌及管道输水灌溉等先进节水灌溉技术覆盖率不足10%。

随着我国经济的发展和经济结构的调整与优化，对农田灌溉排水又提出了更高的要求。如在过去粮食短缺的情况下，我国灌溉排水工程建设的主要任务是扩大耕地和灌溉面积，提高灌溉保证率，增加粮食产量，缓解粮食短缺问题。现在农业连续多年丰收，粮食和其他主要农产品由长期的供不应求转变为阶段性供大于求，农业进入了一个新的发展阶段，农业和农村经济结构面临战略性调整。农业形势的这种变化对灌溉和排水的影响是深远的。中低产田的改造，城镇化建设，灌溉方式的变革，节水灌溉，农田园林化建设，农业现代化建设，农业生态建设和农业可持续发展等将是今后农田灌溉和排水的重要任务。

随着人口的增长和经济的快速发展，我国水资源短缺矛盾更加突出。20世纪90年代以来，全国平均每年因旱受灾的耕地面积约0.267亿hm^2。正常年份全国灌区每年缺水300亿m^3，城市缺水60亿m^3。到2030年左右，我国人口将达到16亿，人均占有水资源量将减少1/5，降至1700 m^{3}左右；2050年前后将更加严峻。西北地区土地辽阔，水资源稀缺，水土流失严重，生态环境极为脆弱。水资源状况将是制约西部大开发的一个重要因素。

综上所述，我国农田灌溉与排水发展滞后，还存在不少问题，远不能满足农业稳定发展和产业结构调整的需要，灌溉排水建设任务艰巨。根据我国国民经济发展的“十五”计划和远景规划，到2005年全国有效灌溉面积达到0.56亿hm^2；节水灌溉面积达到0.267亿hm^2；灌溉水利用率达到0.5。5年内将对200座大型灌区进行以节水为中心的续建配套和更新改造，改良中低产田0.067亿hm^2，山区实现人均一亩旱涝保收田。到2015年，在保证现状农业用水量不增的条件下，实现全国有效灌溉面积由现在的0.533亿hm^{2}发展到0.58亿hm^2，节水灌溉面积增加到0.4亿hm^2，实现节水600亿m^3，新增粮食生产能力 600 亿 kg。为实现这些目标，就必须大力发展灌溉排水事业，为国民经济的可持续发展奠定坚实的基础。

总之，我国灌排事业有着光辉的历史，特别是新中国成立 50 年来农田灌溉排水工程建设更加辉煌，为我国农业生产的稳步发展奠定了良好的基础。但是，现有的灌排工程还存在着不少问题，还不能满足农业生产进一步发展的需要。因此，大力发展灌溉排水仍是今后的长期任务。这不仅要继续提高抗御水旱灾害的能力，而且要提高科学管理水平与科技含量，进一步节约灌溉用水，扩大灌溉、除涝、排渍、治碱的工程效益。实现农田灌排现代化，把灌溉排水工程建设推向新的高度，是我们面临的重要任务。

第三节　灌溉排水的主要内容

灌溉和排水是调节农田水分不足或过多的主要措施。农田水分不足或过多，都会影响作物的正常生长和产量。引起农田水分过多或不足的主要原因是水旱灾害。所以，灌溉和排水措施中所涉及的农田水分运动规律、灌溉排水系统规划设计原理与方法、灌排水技术以及灌排工程管理等都是灌溉排水的主要内容。

灌溉工程的任务在于通过引水、蓄水、提水等措施，改变水资源的时空分布，解决供需水量之间的矛盾，适时、适量地满足农业用水要求；排水工程的任务是排除多余的地面水和过多的土壤水分，控制地下水位，与灌溉措施密切配合，为农业生产创造良好的土壤环境，使低产土壤得到改良。灌溉排水工程是合理利用水资源，充分挖掘农业生产潜力，保证农业高产、稳产和顺利实现农业现代化的重要物质基础。

思考与练习

1. 试述我国灌溉排水在农业发展中的重要作用。
2. 试述我国灌溉排水事业发展现状及存在的问题。
3. 灌溉排水的基本任务和主要内容是什么？

第二章 灌溉用水量

第一节 农田水分状况

农田水分状况一般是指农田中的地面水、土壤水和地下水的数量、形态及在时空上的变化。作物生长发育要求有适宜的生长环境，灌溉排水工程的目的就是为了调节农田水分状况，改善土壤中的水、肥、气、热状况，为作物生长创造适宜的环境，以达到高产、稳产的目的。

一、土壤水分类型

土壤水是指吸附于土壤颗粒表面和存在于土壤孔隙中的水分。土壤水和普通水一样，也有固态、气态和液态三种状态。固态水和气态水含量很少，不能直接被作物利用；液态水是土壤水分的主要形态，与作物生长发育有着密切的关系。液态水按其受力情况和运动特性可分为吸湿水、膜状水、毛管水和重力水 4 种类型。

1. 吸湿水

吸湿水是指空气中的水汽在分子引力作用下而被吸附于土粒表面上的水。土粒的吸附力很大，可达 1000～3.1MPa，远远超过作物根系的吸水能力（平均 1.5MPa 左右），属于土壤中的无效水。当空气相对湿度接近饱和时，吸湿水的含量达到最大，此时的土壤含水率称为吸湿系数。

2. 膜状水

当土壤含水率达到吸湿系数后，土粒的分子引力已不能再从空气中吸附水分子，但土粒表面仍有剩余的分子引力。在剩余的分子引力作用下，土壤孔隙中的液态水被吸附于吸湿水的外围，形成薄薄的水膜，这层水叫膜状水，又称薄膜水。膜状水的内层紧靠吸湿水，吸附力很强，随着膜状水的水膜厚度加大，所受吸附力逐渐减小，逐步呈自由状态。当膜状水达到最大值时的土壤含水率，叫最大分子持水率，其值约为吸湿系数的 2～4 倍。土壤中只有少部分膜状水能被作物吸收利用，属于半有效水。

3. 毛管水

毛管水是在毛管力的作用下保持在土壤细小孔隙中的水。毛管水所受的吸力为 0.625～0.01 MPa，在土壤中可以上下左右移动，是供作物吸收利用的主要水分类型，属于最有效水。根据水分补给情况，毛管水又分为毛管悬着水与毛管上升水两种。

（1）毛管悬着水。是指在降雨或灌溉时，入渗到土壤中的水在毛管力作用下保持在上层土壤孔隙中的水体。这一部分水体不与地下水相连，不受地下水位升降的影响，与地下水埋深无关，只与土壤质地和降雨或灌水量的大小有关。当毛管悬着水达最大值时的土壤含水率叫田间持水率，是土壤中所能保持的最大含水率，常将其作为旱田灌溉的上限指标。

(2) 毛管上升水。是指在毛管力作用下，地下水沿着土壤毛管孔隙上升而保存在毛管孔隙中的水体。毛管水上升的高度和速度与土壤质地、结构和排列层次有关。土壤粘重，毛管水上升高，但速度慢；质地轻的土壤，毛管水上升低但速度快。在毛管水上升高度内，离地下水面越近，毛管水越多；离地下水面越远，毛管水越少。

毛管力的大小与土壤含水量的多少有关，含水量多毛管力小，含水量少毛管力大。因此，在毛管力的作用下，毛管水可向各个方向移动，从毛管力小的地方向毛管力大的地方移动，即从毛管水多的地方向毛管水少的地方移动。

4. 重力水

当土壤含水率超过田间持水率后，超过田间持水率的那部分水将在重力作用下垂直向下移动，这部分水叫重力水。重力水是一个相对概念，在上部土层中其表现形式为重力水，而向下移动至下层干燥土层时，保持在下部土层中一部分水，将成为非重力水，如毛管水等。当其下渗至地下水面时，就转化为地下水，并抬高地下水位。重力水在移动过程中能被作物吸收利用，但因其在上层土壤中滞留的时间很短，作物吸收利用的数量很少，故重力水属于过多的水。

土壤中所保持的水分，并不都能被作物吸收利用，这主要取决于作物吸水力与土壤持水力的对比情况。作物根系吸水力的大小与作物种类、品种及发育阶段有关。土壤持水力与土壤质地和土壤含水率有关，含水率越大，土壤持水力越小；反之亦然。当土壤含水率小到一定程度，土壤持水力与作物的吸水力接近相等时，作物就不能从土壤中吸收水分，此时的土壤含水率称为凋萎系数。由于土壤含水率降至凋萎系数时，作物将出现永久凋萎，这时再灌水为时已晚。因此，在生产实践中通常以作物生长开始受到抑制，下部叶子开始萎蔫时的土壤含水率作为控制土壤含水率的下限，并将其称为初期凋萎系数，其值约为田间持水率的55%～60%。在实际生产中，一般将田间持水率作为土壤有效含水率的上限，而将初期凋萎系数作为土壤有效含水率的下限。

二、土壤含水率的表示方法

土壤含水率又叫土壤湿度或土壤墒情，它是衡量土壤中含有水分多少的数量指标。表示土壤含水率的常用的方法有以下几种。

1. 以水分质量占干土质量的百分数表示

这种方法可用称重法直接测定出来，以土壤中水分质量占干土质重的百分数表示，计算公式为

$$\beta_{质}=\frac{m_{水}}{m_{干土}}\times100\%=\frac{m_{湿土}-m_{干土}}{m_{干土}}\times100\% \tag{2-1}$$

式中　$m_{水}$、$m_{湿土}$、$m_{干土}$——土壤中的水、湿土和干土的质量，g。

2. 以土壤水分体积占土壤体积的百分数表示

这种方法表示明确，计算方便，但实测困难。在生产实践中，常用含水率的质量百分数换算而得，计算公式为

$$\beta_{容}=\frac{V_{水}}{V_{土}}\times100\%=\beta_{质}\,\rho_{土}/\rho_{水} \tag{2-2}$$

式中　$V_{水}$、$V_{土}$——土壤中的水分体积和土体体积，cm^3；

$\rho_{土}$——土壤干密度，g/cm³；

$\rho_{水}$——水的密度，g/cm³，数值为1。

3. 以土壤水分体积占土壤孔隙体积的百分数表示

该种方法表明水分对土壤孔隙充满的程度，实测困难，常用含水率的质量百分数换算，计算公式为

$$\beta_{孔}=\frac{V_{水}}{V_{孔}}\times 100\%=\frac{\beta_{质}\rho_{土}}{A\rho_{水}} \tag{2-3}$$

式中 $V_{孔}$——土壤中的孔隙体积，cm³；

A——土壤孔隙率（占土壤体积百分数）。

4. 以土壤实际含水率占田间持水率的百分数表示

这种表示方法是指相对含水率，计算公式为

$$\beta_{相对}=\frac{\beta_{实}}{\beta_{田}}\times 100\% \tag{2-4}$$

式中 $\beta_{相对}$、$\beta_{实}$、$\beta_{田}$——土壤的相对含水率、实际含水率和田间持水率，以百分数表示。

5. 以水层厚度表示

它是将某一土层中所含的水量折算成水层厚度来表示土壤的含水率，以mm为单位。

三、适宜的农田水分状况及其调节

农田中的地面水、土壤水和地下水的状况必须适宜，才有利于作物生长发育。

（一）旱作区适宜的农田水分状况

旱作地区各种形式的农田水分，并非全部能被作物直接利用。如地面水和地下水必须适时适量地转化为根系吸水层（可供根系吸水的土层，略大于根系集中层）中的土壤水，才能被作物吸收利用。

旱作区农田田面一般不允许长期积水，若长时间被积水淹泡就会导致旱作物生长发育不良，可能造成减产甚至死亡。衡量旱作物忍受耐淹程度的指标称为作物耐淹能力或耐涝能力，即在不明显影响产量的前提下作物能忍受田面淹水的深度和淹水的时间。作物耐淹能力与作物的类别、品种、生育阶段等因素有关。高秆作物耐淹能力一般比矮秆作物强，植株健壮的作物耐淹能力比瘦弱的作物强。田面淹水越深，淹水历时越长，温度越高，作物越不耐淹。作物生长发育阶段不同，耐淹能力也有显著差异。不同作物的耐淹能力详见第六章。

在作物生育期内，若土壤水分过多，超过了田间持水率，甚至达到饱和含水率，此时土壤中所有大小孔隙都被水分所充满，致使土壤内空气减少，从而造成根系缺氧和呼吸困难，影响根系对水分和养分的吸收，甚至烂根死亡；若土壤水分过少，就不能满足作物需水要求。因此，为了保证作物正常生长发育，必须要求土壤含水率在一定的界限范围内，通常均以适宜土壤含水率表示。适宜土壤含水率是指在作物的任一时段内都能保证作物正常生长发育所需要的土壤含水率，一般以田间持水率的百分数表示。适宜土壤含水率随作物种类和品种及其生育阶段的需水特点、土壤质地与结构、施肥等农业技术措施和气象条件的不同而异，其范围一般是在（0.6～1）$\beta_{田}$之间。

旱作物对地下水的主要要求是地下水位适宜，以防止渍害和盐碱灾害的发生。一般要求地下水埋深不小于适宜埋深，而在降雨或灌水后，则要求地下水位在允许的时间内回降到适宜的地下水埋深。作物所要求的适宜地下水埋深因作物种类、品种、发育阶段以及土壤质地等条件不同而异，一般应大于1m，详细内容参见第五章。此外，在地下水位较高且又含盐碱成分的土壤上种植旱作物时，为了防止土壤盐碱化，要求地下水埋深必须在地下水临界深度以下。地下水临界深度是指开始引起盐碱化并危害作物正常生长的最小的地下水埋深，其大小与土壤质地、地下水含盐量、气象条件以及灌溉排水条件和农业技术措施等有关，其深度一般应根据实地调查和观测试验资料确定。我国北方地区采用的地下水临界深度参见第六章。

（二）水稻地区适宜的农田水分状况

水稻是一种喜水作物，有较强的耐涝能力。自古以来，水稻都是在淹水栽培条件下生长的，因而田面需经常保持一定深度的水层，以满足水稻的生理要求。但是，稻田的淹水深度不宜过深，时间不能过长，否则会造成土壤空气缺乏，微生物活动减弱，有机质分解缓慢，有毒物质增多，根系发育不良，吸收能力衰减，且易造成发病条件。因此，生产实践中多采用浅水勤灌、适时晒田的灌水技术，使水层深度经常处于适宜水层的上、下限之间。适宜水层的上、下限随水稻种类、品种和生育阶段而不同，应根据试验成果和群众灌水经验确定。

水稻地区的地下水位过高和过低，都对水稻生长不利。地下水位过高，土壤长期处于淹水状态，水、肥、气、热失调，有毒物质积累，早期由于地温低而生长缓慢，中期因烤田不好而造成根系早衰，后期茎叶枯死，造成减产。地下水位过低，则渗漏大，灌溉用水多，对水稻生长也不利。据调查，南方一些地区高产稻田的地下水埋深一般是在0.5～0.7m之间。

（三）农田水分状况的调节

作物生长发育要求有适宜的农田水分状况，但在天然条件下农田水分状况和作物需水要求常常是不相适应的。农田水分过多或不足的现象经常出现，这就需要采取工程措施加以调节，以便为作物生长发育创造良好的条件。

农田水分过多的原因有：降水量过大，河流洪水泛滥，湖泊漫溢，海潮侵袭和坡地水进入农田；地形低洼，地下水汇流和地下水位上升，出流不畅等。农田水分过多，如果是由于降雨过多，不能及时排除，使田面积水，造成的灾害叫涝灾；由于地下水位过高或土壤上层滞水，使土壤长期过湿，危害作物生长，叫渍灾；因江、河、湖泛滥而形成的灾害称为洪灾。

农田水分不足的原因有：降水量少，降雨形成的地面径流大量流失，土壤入渗水量少和蓄水能力差，蒸发量过大等。农田水分不足而造成作物减产的灾害称为旱灾。

当农田水分不足时，一般应采取灌溉措施增加农田水分；当农田水分过多时，主要应采取排水措施，排除过多的水量。除了灌溉和排水外，蓄水也是调节农田水分状况的重要措施。蓄水既可以为灌溉提供水源，又可减轻排水负担。

调节农田水分状况，除采取水利措施外，还应与平整土地、深翻改土、植树种草、增施有机肥料和种植抗旱耐涝的作物等农业技术措施相结合，实行综合治理。

第二节 作物需水量计算

一、作物需水量的概念

农田水分消耗的途径主要有三种，即作物的叶面蒸腾、棵间蒸发和深层渗漏。

叶面蒸腾是指作物根系从土壤中吸入体内的水分，通过作物叶片的气孔散发到大气中的现象。棵间蒸发是指植株间的土壤表面或水面的水分蒸发现象。深层渗漏是指农田中由于降雨量或灌水量太多，使田间土壤含水率超过了田间持水率，超过的水分向根系活动层以下的土层渗漏的现象。对于旱田，深层渗漏一般是无益的，会造成水分和养分的流失。对于水稻田，深层渗漏是不可避免的。由于水稻田经常保持一定深度的水层，所以稻田经常产生渗漏，且数量较大，影响作物的生长发育，造成减产。但稻田有适当的渗漏量，可以促进土壤通气，改善还原条件，消除由于土壤中氧气不足而产生的硫化氢、氧化亚铁等有毒物质，有利于作物生长。

在上述几项水量消耗中，叶面蒸腾是作物生长所必需的，一般称为生理需水。棵间蒸发伴随着作物生长的全过程，它本身对作物生长没有直接影响，但在一定程度上可以改善田间小气候，一般称为生态需水。叶面蒸腾和棵间蒸发都主要受气候条件的影响，且二者互为消长，通常把二者合称为腾发，所消耗的水量称为腾发量，即作物需水量。事实上，作物需水量包括作物的叶面蒸腾、棵间蒸发和构成作物组织的水量。由于构成作物组织的水量很少，实用上常忽略不计，而以作物叶面蒸腾和棵间蒸发之和作为作物需水量。作物的叶面蒸腾、棵间蒸发和深层渗漏量之和常称为田间耗水量。对于旱作物田块，深层渗漏量很小，可以忽略不计，水稻田的渗漏量则是不可避免的。所以，旱作物的田间耗水量就等于作物需水量，而水稻的田间耗水量等于作物需水量与深层渗漏量之和。

二、作物需水规律与需水临界期

（一）作物需水规律

作物全生育期中的日需水量是逐日变化的，一般规律是：幼苗期和接近成熟期日需水量少，而发育中期日需水量最多，生长后期需水量逐渐减少。在全生育期内，作物需水量是由低到高再降低的变化过程。其中，需水量最大的时期称为作物需水高峰期，大多出现在作物生育旺盛、蒸腾强度大的时期。

（二）作物需水临界期

在作物全生育期内，日需水量最多，对缺水最敏感，影响产量最大的时期，称为作物需水临界期或需水关键期。不同的作物需水临界期不同，粮食作物的需水临界期大多出现在营养生长向生殖生长过渡的时期，与作物需水高峰期相同或接近。有些作物的需水临界期可能有两个或三个。根据各种作物需水临界期不同的特点，可以合理选择作物种类和种植比例，使用水不致过分集中；在干旱缺水时，应优先灌溉处于需水临界期的作物，以充分发挥水的增产作用，收到更大的经济效益。

三、作物需水量计算

影响作物需水量的因素有气象（如温度、日照、湿度、风速等）、土壤（如土壤质地、土壤肥力、含水量等）、作物品种及其生长阶段、农业技术措施、灌溉排水措施等。这些因素对需水量的影响是相互联系的，也是错综复杂的。目前尚难从理论上对作物需水量进行分析计算。在生产实践中，一方面是通过田间试验的方法直接测定作物需水量，另一方面是在试验的基础上分析出影响作物需水量各因素之间的相互关系，用经验或半经验公式进行估算。

计算作物需水量的方法大致可归纳为两类，一类是直接计算，另一类是通过计算参照作物需水量来计算实际作物需水量，即间接计算。

（一）直接计算

该法是从影响作物需水量诸因素中，选择几个主要因素，然后再根据试验观测资料分析这些主要因素与作物需水量之间存在的数量关系，最后归纳成经验公式。

1. 以水面蒸发为参数的需水系数法（简称“α 值法”）

从大量的灌溉试验资料中发现，各种气象因素都与当地的水面蒸发量之间有较为密切的关系，当地水面蒸发是各种气象因素综合影响的结果。而水面蒸发量与作物需水量之间存在一定程度的相关关系。因此，可以建立作物需水量和水面蒸发量之间的经验关系式，由水面蒸发量直接计算作物需水量，其公式为

$$ET=\alpha E_0 \quad (2-5)$$

或

$$ET=aE_0+b \quad (2-6)$$

式中 ET——某时段内的作物需水量，以水层深度 mm 计；

E_0——与 ET 同时段的水面蒸发量，以水层深度 mm 计，E_0 一般采用 80cm 口径的蒸发皿或 E-601 型蒸发仪的观测值；

a、b——经验常数；

α——各时段的需水系数，即同期需水量与水面蒸发量之比，一般由试验资料确定，水稻 $\alpha=0.9\sim1.3$，旱作物 $\alpha=0.3\sim0.7$。

由于“α 值法”仅需要水面蒸发资料，且容易获得，所以该法在我国种植水稻地区被广泛采用。在水稻地区，气象条件对 ET 和 E_0 的影响相似，因此，采用此法计算出来的作物需水量与实际需水量较接近。对于旱作物和实施湿润灌溉技术的水稻，因其需水量与土壤含水量有密切关系，所以不宜采用此法。

2. 以产量为参数的需水系数法（简称“K 值法”）

作物产量是太阳能的累积与水、土、肥、气、热诸因素的协调及综合运用农业技术措施的结果。虽然影响作物产量的因素很多，但实践证明在一定的气象条件和农业技术措施条件下，作物需水量随产量的提高而增加，成正相关关系，如图 2-1 所示。从图 2-1 还可看出，单位产量的需水量随产量的增加而逐渐减少，说明当产量达到一定水平后，要进一步提高产量就不能仅靠增加水量，必须同时改善作物生长所必需的其他条件，如采用先进的农业技术措施和提高土壤肥力等。作物需水量与产量之间的关系如下：

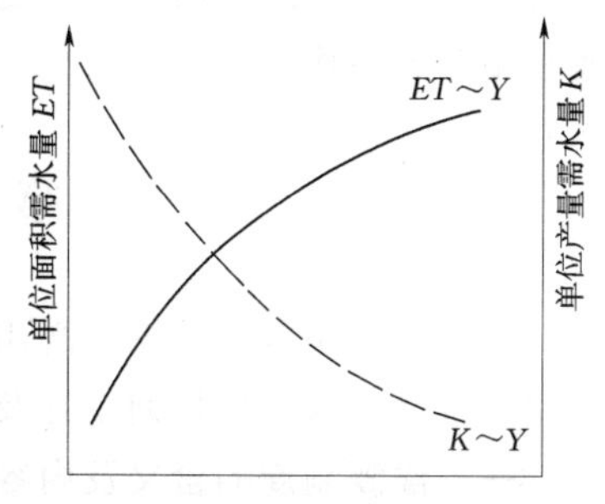

图 2-1 作物需水量与产量关系示意图

$$ET=KY$$

或

$$ET=KY^n+C \quad (2-7)$$

式中 ET——作物生育期的总需水量，m^3/hm^2；

Y——单位面积产量，kg/hm^2；

K——需水系数，即单位产量的需水量，m^3/kg；

n、C——经验指数和常数。

公式（2-7）中 K、n 及 C 值一般由试验确定，当 K、n、C 确定后，只要计划产量已知便可算出需水量。旱作物在土壤水分不足而影响产量的情况下，需水量随产量的提高而增加，用此法推算较为可靠。但对土壤水分充足的旱田及水稻田，需水量主要受气象条件控制，产量与需水量关系不很明显，用此法推算的误差较大，不宜采用。

生产实践中，习惯用需水模系数法来估算作物各生育阶段的需水量。需水模系数是指不同生育阶段需水量占全生育期需水量的百分数。计算时先确定作物全生育期内的需水量，然后通过试验确定作物需水模系数，再按下式进行分配：

$$ET_i = K_i ET \quad (2-8)$$

式中 ET_i——某一生育阶段作物需水量，mm；

K_i——某一生育阶段的需水模系数，%；

ET——全生育期作物需水量，mm。

需水模系数和作物需水量一样，也受气候、作物、土壤和农业技术措施等因素的影响，一般应通过试验分析确定。

（二）通过计算参照作物需水量来计算实际作物需水量

参照作物需水量又称潜在作物需水量，是指土壤水分充足，能满足作物腾发耗水所要求的需水量。参照作物需水量主要受气象条件的影响，因此可只依据气象因素，算出参照作物需水量，然后考虑有关因素将其修正，再求出作物实际需水量。

计算参照作物需水量的方法较多，但普遍采用的是能量平衡法。叶面蒸腾和棵间蒸发是液态水不断汽化、向大气扩散的过程，也是能量消耗的过程。通过农田热量平衡计算，求得腾发所消耗的能量，然后再将能量折算成水量，即作物需水量。

作物腾发过程中需要消耗大量的能量，需水量越大耗能越多。英国科学家彭曼（H. L. Penman）根据能量平衡原理、水汽扩散原理和空气的导热定律等提出了计算参照作物需水量的公式，得到了全世界广泛的应用。近年来，我国各地广泛使用1979年修正的彭曼公式来计算潜在作物需水量，并制定了各省、市、自治区及全国的潜在作物需水量等值线图，供生产中用。但彭曼法所需资料较多，公式复杂，限于篇幅，此处不予介绍，请参阅有关书籍。

第三节 作物的灌溉制度

作物灌溉制度是计算灌溉用水量、编制和执行灌区用水计划以及进行合理灌溉的基本依据，也是灌溉工程规划设计及区域水利规划的基本资料。

一、灌溉制度的含义及内容

作物灌溉制度是指根据作物需水特性和当地气候、土壤、农业技术及灌水技术等条件，为作物高产及节约用水而制定的适时适量的灌水方案。它的主要内容包括作物播前

（或水稻插秧前）及全生育期内各次灌水的灌水时间、灌水次数、灌水定额和灌溉定额。灌水定额是指单位灌溉面积上的一次灌水量；灌溉定额是指各次灌水定额之和，即单位面积上总的灌水量；灌水时间是指各次灌水的具体日期；灌水次数是指作物全生育期的灌水次数。

二、制定灌溉制度的方法

灌溉制度因作物种类、品种、灌区自然条件、农业技术措施和灌水技术不同而异，因此，必须从具体情况出发，全面分析研究各种因素，才能制定出切合实际的灌溉制度。制定灌溉制度的方法有以下三种：

（一）总结群众灌水经验

多年来进行灌水实践的经验是制定灌溉制度的主要依据。调查研究时应先确定设计干旱年份，掌握这些年份的当地灌溉经验，调查不同生育期的作物田间耗水强度及灌水次数、灌水时间、灌水定额和灌溉定额。根据调查资料，分析确定这些年份的灌溉制度。一些实际调查的灌溉制度见表 2－1 和表 2－2。

表 2－1　湖北省水稻泡田定额及生育期灌溉定额调查成果表　单位：m^3/亩

项　　目	早　　稻	中　　稻	一季晚稻	双季晚稻
泡田定额	70～80	80～100	70～80	30～60
灌溉定额	200～250	250～350	350～500	240～300
总灌溉定额	270～330	330～450	420～580	270～360

表 2－2　我国北方地区几种主要旱作物的灌溉制度（调查）　单位：m^3/亩

作　物	生育期灌溉制度			备　注
	灌水次数	灌水定额	灌溉定额	
小麦	3～6	40～80	200～300	干旱年份
棉花	2～4	30～40	80～150	
玉米	3～4	40～60	150～250	

注　1 m^3/亩＝15 m^3/hm^2 或 1.5 mm。

（二）根据灌溉试验资料制定灌溉制度

我国各地先后建立了许多灌溉试验站，试验站积累了大量灌溉试验资料，是确定灌溉制度的主要依据。但是，在选用试验资料时必须注意原试验条件与需要确定灌溉制度地区条件的相似性，不能盲目照搬。

（三）用水量平衡原理制定灌溉制度

这种方法是根据设计年份的气象资料及作物需水要求，参考群众丰产灌水经验和田间试验资料，通过水量平衡计算，制定出作物灌溉制度。下面分别介绍水稻和旱作物灌溉制度的制定方法。

1. 水稻灌溉制度的制定

水稻灌溉制度分为泡田期和生育期两个时段进行设计。

（1）泡田定额计算。水稻在插秧前，必须首先进行灌水，使一定深度土层达到饱和，并在田面建立水层，这部分水量称为泡田定额。它由三部分组成，一是使一定深度土层达到饱和时所需水量；二是建立插秧时田面水层深度；三是泡田期的稻田渗漏量和田面蒸发量。泡田定额按下式计算

$$M_{泡}=1000H(\beta_{饱}-\beta_0)\rho_{土}/\rho_{水}+(h+s_1t_1+e_1t_1-p_1) \quad (2-9)$$

式中 $M_{泡}$——泡田定额，mm；

$\beta_{饱}$、β_0——土壤饱和含水率和泡田前土壤含水率（以干土质量百分数计）；

H——饱和土层深度，m；

$\rho_{土}$、$\rho_{水}$——饱和土层土壤干密度和泡田水的密度，t/m³；

h——插秧时要求的田面水层深度，mm；

s_1——泡田开始至插秧时，稻田渗漏强度，mm/d；

t_1——泡田期日数，d；

e_1——泡田期水田田面的蒸发强度，mm/d；

p_1——泡田期降雨量，mm。

通常，泡田定额按条件相似田块的资料确定，一般情况下田面水层为30～50mm时，泡田定额可参考表2-3。

（2）水稻生育期灌溉制度的制定。在水稻生育期中，任一时段的田面水量变化情况，取决于该时段内来水量与耗水量的多少，可用下式表示

$$h_2=h_1+p+m-e-c \quad (2-10)$$

式中 h_2——时段末田面水层深度，mm；

h_1——时段初田面水层深度，mm；

p——时段内降雨量，mm；

m——时段内灌水量，mm；

e——时段内田间耗水量，mm；

c——时段内田间排水量，mm。

表2-3　不同土壤及地下水埋深的泡田定额

单位：m³/hm²

土壤类别	地下水埋深	
	小于2m	大于2m
粘土和粘壤土	750～1200	
中壤土和砂壤土	1050～1500	1200～1800
轻砂壤土	1200～1950	1500～2400

为了保证水稻正常生长，必须在田面建立一定深度的水层，合理定出不同生长阶段的适宜淹灌水层的上限和下限。从式（2-10）可以看出，如果时段初田面水层为适宜水层的上限（h_{max}），经过t时段的腾发和渗漏，田面水层下降到适宜水层下限（h_{min}），如果此时段内没有降雨，则需灌水，灌水定额为

$$m=h_{max}-h_{min} \quad (2-11)$$

水稻生育期内的水量平衡过程可用图2-2说明：时段初田面水层深度为h_{max}（A点），水田按1线耗水至B点，此时田面水层降至适宜水层下限（B点），就需灌水，灌水定额为m_1；如果时段t_1内有降雨，降雨后使田面水层回升高度为P，则按2线耗水至C点时再灌水；如时段内降雨很大，为P'，超过允许最大蓄水深度H_p，则其超过部分需要排除，其排水量为c，然后按3线耗水至D点再进行灌水。如此进行下去直至水稻成熟即可制定出灌溉制度。

【例2-1】 现以某灌区某设计年早稻为例，说明列表法推求水稻灌溉制度的具体步

骤。其基本资料如下：

（1）设计年生育期降雨量见表 2-4。

（2）早稻各生育阶段起止日期、需水模系数、渗漏强度等资料见表 2-5。

表 2-4　双季早稻生育期降雨量表

降雨日期（日/月）	27/4	28/4	29/4	4/5	5/5	6/5	8/5	9/5	14/5	15/5	20/5	23/5	24/5
降雨量（mm）	1.0	23.5	9.3	3.3	4.0	4.4	2.7	7.6	20.9	1.8	8.4	2.5	2.3
降雨日期（日/月）	31/5	3/6	4/6	5/6	11/6	12/6	16/6	17/6	18/6	25/6	26/6	29/6	7/7
降雨量（mm）	8.5	2.2	11.2	23.4	9.0	0.7	1.0	20.1	51.6	26.3	2.2	3.2	8.4

表 2-5　各生育阶段需水模系数、渗漏强度及淹灌水层表

生育阶段	返　青	分蘖前	分蘖末	拔节孕穗	抽穗开花	乳　熟	黄　熟	全生育期
起止日期（日/月）	25/4～2/5	3/5～10/5	11/5～29/5	30/5～14/6	15/6～27/6	28/6～8/7	9/7～16/7	25/4～16/7
需水模系数（%）	4.8	9.9	24.0	26.6	22.4	7.1	5.2	100
渗漏强度（mm/d）	1.5	1.5	1.5	1.5	1.5	1.5	1.5	1.5
淹灌水层深（mm）	10～30～50	20～50～70	20～50～80	30～60～90	10～30～80	10～30～60	10～20	

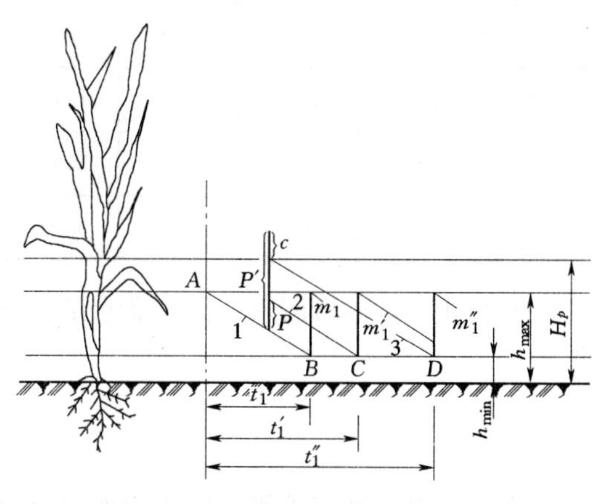

图 2-2　水稻生长期田面水层变化图解

H_p—允许最大蓄水深度；h_{max}—适宜淹灌水层上限；c—排水量；h_{min}—适宜淹灌水层下限；1、2、3—不同情况下田面水层变化曲线

（3）适宜水层深度。根据灌区具体条件，采用浅灌深蓄方式，分蘖末期进行排水落干晒田，晒田结束时复水灌溉（目的是使土层含水量达到饱和）。根据灌溉试验资料，复水灌溉定额采用 450m^3/hm^2（相当于 45mm）。为避免双季晚稻插秧前再灌泡田水，田面水层由黄熟一直维持到收割。根据群众丰产灌水经验并参照灌溉试验资料，各生育阶段适宜水层上、下限及最大蓄水深度见表 2-5。

（4）早稻生育期的水面蒸发量为 362.5mm，早稻的需水系数 $\alpha=1.2$。

（5）返青前 10d 开始泡田，泡田定额为 1200m^3/hm^2，泡田期末插秧时（4 月 24 日末）田面水层深度为 20mm。

解：

根据上述资料，按以下步骤列表进行计算。

(1) 计算各生育阶段的日平均耗水量

①全生育期的作物需水量为

$$ET = \alpha E_0 = 1.2 \times 362.5 = 435\ \text{mm}$$

②各生育阶段的作物需水量为

$$ET_i = K_i ET$$

③各生育阶段的渗漏量为

$$S_i = 1.5 \times t_i$$

式中　t_i——生育阶段天数，d。

④各生育阶段的田间耗水量为

$$E_{耗i} = ET_i + S_i$$

⑤各生育阶段的日平均耗水量为

$$e_i = \frac{E_{耗i}}{t_i}$$

将计算结果列于表 2-6 各栏中。

表 2-6　田间耗水量计算表

生育阶段	返　青	分蘖前	分蘖末	拔节孕穗	抽穗开花	乳　熟	黄　熟	全生育期
起止日期（日/月）	25/4～2/5	3/5～10/5	11/5～29/5	30/5～14/6	15/6～27/6	28/6～8/7	9/7～16/7	25/4～16/7
天　数（d）	8	8	19	16	13	11	8	83
需水模系数（%）	4.8	9.9	24.0	26.6	22.4	7.1	5.2	100
阶段需水量（mm）	20.9	43.1	104.4	115.7	97.4	30.9	22.6	435
阶段渗漏量（mm）	12	12	28.5	24	19.5	16.5	12	124.5
阶段田间耗水量（mm）	32.9	55.1	132.9	139.7	116.9	57.4	34.6	559.5
日平均耗水量（mm）	4.1	6.9	7.0	8.7	9.0	4.3	4.3	6.74

(2) 根据水量平衡方程式（2-10），逐日进行平衡计算，得田面水层深、灌水量及排水量，例如，4 月 24 日末水层深 $h=20\text{mm}$，则

25 日末　$h_2 = 20 + 0 + 0 - 4.1 = 15.9\text{mm}$

26 日末　$h_2 = 15.9 + 0 + 0 - 4.1 = 11.8\text{mm}$

依次进行计算，若田面水层深接近或低于淹灌水层下限，则需灌溉，灌水定额以淹灌水层上、下限之差为准。例如，5 月 3 日末水层深 h_2 为

$$h_2 = 21.1 + 0 + 0 - 6.9 = 14.1\text{mm} < 20\text{mm}\ (\text{下限})$$

则需灌溉，灌水定额 $m = 50 - 20 = 30\text{mm}$，故 5 月 3 日末水层深 h_2 为

$$h_2 = 21.0 + 0 + 30 - 6.9 = 44.1\ \text{mm}$$

若遇降雨，田面水层深随之上升，若超过蓄水上限，则需排水。例如，6 月 18 日末水层深 h_2 为

$$h_2 = 39.9 + 51.6 + 0 - 9.0 = 82.5\ \text{mm}$$

超过蓄水上限 2.5mm，则需排水，故 6 月 18 日末的水层深 $h_2 = 80\text{mm}$。

计算结果列于表 2－7 的⑥、⑦、⑧栏中。

表 2－7　　　　某灌区某设计年双季早稻灌溉制度计算表

日期		生育阶段	淹灌水层（mm）	日平均耗水量（mm）	日降雨量（mm）	田面水层深（mm）	灌水量（mm）	排水量（mm）
月	日							
①		②	③	④	⑤	⑥	⑦	⑧
4	24	返　青	10～30～50	4.1		20		
	25					15.9		
	26					11.8		
	27				1.0	8.7		
	28				23.5	28.1		
	29				9.3	33.3		
	30					29.2		
5	1					25.1		
	2					21.0		
5	3	分蘖前	20～50～70	6.9		44.1	30	
	4				3.3	40.5		
	5				4.0	37.6		
	6				4.4	35.1		
	7					28.2		
	8				2.7	24.0		
	9				7.6	24.7		
	10					47.8	30	
5	11	分蘖末	20～50～80	7.0		40.8		
	12					33.8		
	13					26.8		
	14				20.9	40.7		
	15				1.8	35.5		
	16					28.5		
	17					21.5		
	18					44.5	30	
	19					37.5		
	20				8.4	38.9		
	21					31.9		
	22					24.9		
	23				2.5	20.4		
	24				2.3	15.7		
	25		晒　田					15.7
	26							
	27							

续表

日期		生育阶段	淹灌水层 (mm)	日平均耗水量 (mm)	日降雨量 (mm)	田面水层深 (mm)	灌水量 (mm)	排水量 (mm)
月	日							
①		②	③	④	⑤	⑥	⑦	⑧
	28	分蘖末	晒　田					
	29						45	
5	30					31.3	40	
	31				8.5	31.1		
	1					52.4	30	
	2					43.7		
	3				2.2	37.2		
	4				11.2	39.7		
	5				23.4	54.4		
	6	拔节孕穗	30～60～90	8.7		45.7		
	7					37		
	8					58.3	30	
	9					49.6		
	10					40.9		
	11				9.0	41.2		
	12				0.7	33.2		
	13					54.5	30	
6	14					45.8		
	15					36.8		
	16				1.0	28.8		
	17				21.1	39.9		
	18				51.6	80.0		2.5
	19					71.0		
	20					62.0		
	21	抽穗开花	10～30～80	9.0		53.0		
	22					44.0		
	23					35.0		
	24					26.0		
	25				26.3	43.3		
	26				2.2	36.5		
	27					27.5		
	28					23.2		
6	29				3.2	22.1		
	30					17.8		
	1					13.5		
	2					29.2	20	
	3	乳　熟	10～30～60	4.3		24.9		
	4					20.6		
7	5					16.3		
	6					12.0		
	7				8.4	16.1		
	8					31.8	20	

续表

日期		生育阶段	淹灌水层 (mm)	日平均耗水量 (mm)	日降雨量 (mm)	田面水层深 (mm)	灌水量 (mm)	排水量 (mm)
月	日							
①		②	③	④	⑤	⑥	⑦	⑧
7	9	黄　熟	10～20	4.3		27.5		
	10					23.2		
	11					18.9		
	12					14.6		
	13					10.3		
	14					16.0	10	
	15					11.7		
	16					7.4		
总　计				523.9	259.5		270	18.2

（3）校核：

$$
\begin{aligned}
h_{末} &= h_{初} + \sum p + \sum m - (ET + S) - \sum c \\
&= 20 + 259.5 + 270 - 523.9 - 18.2 \\
&= 7.4\ \text{mm}
\end{aligned}
$$

计算无误。

需要注意的是：5 月 26～29 日晒田期间，由于田面没有水层，这 5 天的田间耗水量近似认为等于 0，因此全生育期的总耗水量就为 558.9－5×7.0＝523.9mm；5 月 29 日复水灌溉 45mm，其作用是使晒田后的土壤含水率达到饱和，田面不建立水层，所以不参与总校核。

（4）灌溉制度成果见表 2－8。泡田定额为 $1200\text{m}^3/\text{hm}^2$，则总灌溉定额为

$$
M = M_1 + M_2 = 1200 + 3150 = 4350\ \text{m}^3/\text{hm}^2
$$

表 2－8　　某灌区某设计年早稻生育期灌溉制度

灌水次序		1	2	3	4	5	6	7	8	9	10	11	合计
灌水日期（日/月）		3/5	10/5	18/5	29/5	30/5	1/6	8/6	13/6	2/7	8/7	14/7	
灌水定额	mm	30	30	30	45	40	30	30	30	20	20	10	315
	m^3/hm^2	300	300	450	450	400	300	300	300	200	200	100	3150

2. 旱作物灌溉制度的制定

（1）旱作物农田水量平衡原理。旱作物正常生长是依靠其根系从土壤中吸取水分，因此要求地面以下一定深度土层内的含水率保持在适宜的范围内。该土层称为计划湿润层，它是指旱田进行灌溉时，计划湿润的土层，它的深度取决于作物种类、生育阶段等。旱作物灌溉的主要任务就在于调节计划湿润层内的水分状况，水量平衡主要分析该土层的储水量变化，进而进行平衡计算，得出灌水定额、灌溉定额、灌水时间和灌水次数。由于旱作物靠根系从土壤中吸收水分，因此平衡计算时要考虑地下水位上升对土壤水的补给量及因根系向下延伸计划湿润层加深而增加的水量。任一时段内计划湿润层内储水量变化关系可用下列水量平衡方程式表示：

$$W_0 - W_t = ET - P_0 - K - W_T - M \tag{2-12}$$

式中 ET——时段 t 内作物需水量，$ET = te$，e 为 t 时段内平均每昼夜作物田间需水量，mm；

P_0——保存在计划湿润层内的有效降雨量，mm；

K——t 时段内地下水补给量，$K = kt$，k 为 t 时段内平均每昼夜地下水补给量，mm；

W_T——由于计划湿润层增加而增加的水量，mm；

M——t 时段内灌水量，mm；

W_0、W_t——时段初和任一时间 t 时的土壤计划湿润层内的储水量，mm。

上述水量平衡方程式可结合图 2-3 说明如下：假设时段初计划湿润层内的储水量等于作物允许最大储水量 W_{max}（A 点），无降雨时，计划湿润层内的储水量因田间消耗不断减少，储水量曲线不断下降，降到 B 点时若遇到降雨，使计划湿润层内的储水量上升到 C 点，其上升值等于该次有效降雨量 P_0。之后，土壤水分继续消耗，储水量曲线也随之逐渐下降，当降至作物允许最小储水量 W_{min}（D 点）时，即进行灌水，灌水定额为

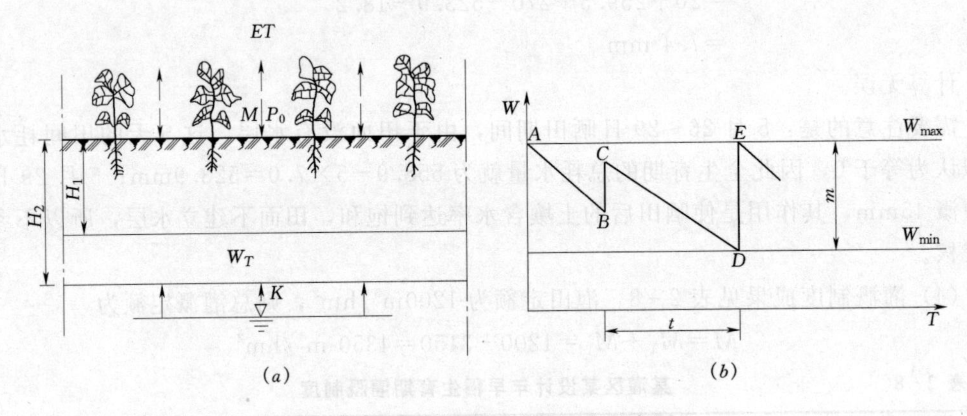

图 2-3 旱作物田间水量平衡示意图

$$m = W_{max} - W_{min} = 1000H\rho_{土}(\beta_{max} - \beta_{min})/\rho_{水} \tag{2-13}$$

式中 m——灌水定额，mm；

H——计划湿润层深度，m；

$\rho_{土}$、$\rho_{水}$——计划湿润层内的土壤干密度和水的密度，t/m^3；

β_{max}、β_{min}——允许最大含水率和允许最小含水率（占干土质量的百分数）。

同理可以求出各次灌水的灌水时间和灌水定额，从而确定出全生育期的灌溉制度。

(2) 拟定旱作物灌溉制度所需基本资料。旱作物灌溉制度制定是否合理，关键在于进行水量平衡计算时所选用的资料是否正确。所需基本资料如下：

1) 作物需水量及各生育阶段需水量的正确（具体方法参见本章第一节）。

2) 土壤计划湿润层深度的确定。在作物生长初期根系很浅，但为了维持土壤微生物活动，并给以后根系生长创造条件，需要在一定土层深度内保持适宜水分，一般采用 0.3～0.4m；随着作物的生长和根系发育，计划湿润层深度也逐渐加大，到生长末期，根系停止发育，作物需水量减少，计划湿润层深度不再继续加大，一般在 0.8～1.0m 之间。

在地下水位较高和盐碱威胁的地区，计划湿润层深度不宜大于0.6m，以防土壤返盐。根据试验资料，几种旱作物不同生长阶段计划湿润层深度如表2-9所示。

表2-9　　几种旱作物土壤计划湿润层深度表　　单位：cm

冬小麦		玉米		棉花	
生育阶段	计划湿润层深度	生育阶段	计划湿润层深度	生育阶段	计划湿润层深度
出苗	30～40	幼苗	40	幼苗	30～40
三叶	30～40	拔节	40	现蕾	40～60
分蘖	40～50	抽穗	50～60	开花结铃	60～80
拔节	50～60	灌浆	50～80	吐絮	60～80
抽穗	60～80	成熟	60～80		
开花	60～100				
成熟	60～100				

3）播种时的土壤储水量（W_0）。播种前进行灌溉的地区，W_0采用田间持水率的80%～85%，或者搜集设计地区历年播种时土壤含水量资料确定。

4）有效降雨量。有效降雨量是指天然降雨量扣除地面径流量和深层渗漏量后，蓄存在土壤计划湿润层内可供作物利用的雨量，计算公式为

$$P_0=\sigma P \tag{2-14}$$

式中　P_0——有效降雨量，mm；

σ——降雨有效利用系数；

P——设计降雨量，mm。

σ值与一次降雨量及雨型、降雨强度、降雨历时、雨前地下水埋深、土壤质地与结构、土壤水分、地形坡度、作物覆盖、田间管理及计划湿润层深度等因素有关，一般根据实测资料确定，也可参考表2-10。

表2-10　　σ 值 表

降雨量（mm）	<5	5～50	50～100	100～150	150～200
σ值	0	1.0	0.8	0.75	0.7

5）地下水补给量K。地下水补给量是指地下水通过土壤毛细管作用上升到土壤计划湿润层内可供作物吸收利用的水量。其大小与地下水埋深、土壤质地、作物种类、作物需水强度、计划湿润层含水量及深度等有关。当地下水埋深超过3m时，补给量很小，可忽略不计；当地下水埋深小于3m时，补给量可根据当地试验资料确定。表2-11、表2-12为几种作物在不同地下水埋深情况下的地下水补给量，可供参考。

6）土壤适宜含水率及允许最大、最小含水率。土壤适宜含水率随作物种类、生育阶段、施肥情况及土壤性质（包括含盐量大小）等因素而异，一般应通过试验确定，表2-13所列数值可供参考。

表 2-11　吉林省大田作物及蔬菜地下水补给量　单位：m^3/hm^2

土壤质地	一般大田作物			蔬菜		
	地下水埋深变幅（m）			地下水埋深变幅（m）		
	1.0～1.5	1.5～2.0	2.0～2.5	0.5～1.0	1.0～1.5	1.5～2.0
轻砂壤土	750～1050			600～900		
轻粘壤土	1050～1200	450～1050		750～1050	525～750	
中粘壤土	1200～1500	600～1200		900～1200	600～900	450～600
重粘壤土	1500～1950	1050～1500	450～1050	1200～1650	750～1200	450～750
粘　土	1950～3000	1500～1950	1050～1500	1500～1950	1050～1500	450～750

表 2-12　河南省人民胜利渠灌区地下水补给量　单位：m^3/hm^2

作　物	地下水埋深（m）			作　物	地下水埋深（m）		
	1.0	1.5	2.0		1.0	1.5	2.0
棉　花	1898	915	210	玉　米	600	405	240
冬小麦	1443	861	450	芝　麻	450	203	60
晚　稻	1205	480	300	油　菜	1935	990	348

表 2-13　几种主要旱作物不同生育阶段计划湿润层深度和土壤适宜含水率

作　物	生育阶段	计划湿润层深度（cm）	土壤适宜含水率（占田间持水率百分数）
冬小麦	幼苗期	30～40	75～80
	返青期	40～50	70～85
	拔节期	50～60	70～90
	孕穗、抽穗期	60～80	75～90
	灌浆期	70～100	75～90
	成熟期	70～100	75～80
玉　米	幼苗期	30～40	60～70
	拔节期	40～50	70～80
	抽穗期	50～60	70～80
	灌浆期	60～80	80～90
	成熟期	60～80	70～90
棉　花	幼苗期	30～40	65～90
	现蕾期	40～60	70～90
	花铃期	60～80	75～90
	吐絮期	60～80	65～90

由于作物需水的持续性和农田灌溉或降雨的间断性，土壤计划湿润层内的含水率不可能经常保持在适宜的含水率范围而不变。为了使作物正常生长，土壤含水率应控制在允许最大和最小含水率之间。允许最大含水率 β_{max} 通常以不致产生深层渗漏为原则，一般采用（0.9～1.0）$\beta_{田}$；允许最小含水率 β_{min} 应以充分利用土壤水而不致影响作物产量为原则，一般采用（0.5～0.6）$\beta_{田}$。

7）因计划湿润层增加而增加的水量 W_T。随着作物的生长，作物根系层加深，计划湿润层也相应增加，增加土层中的原有储水量可供作物吸收利用。其增加的水量可用下式计算

$$W_T = 1000\beta(H_2 - H_1)\rho_{土}/\rho_{水} \tag{2-15}$$

式中　W_T——计划湿润层加深而增加的水量，mm；

H_1、H_2——加深前和加深后的计划湿润层深度，m；

$\rho_{土}$、$\rho_{水}$——土壤干密度和水的密度，t/m^3；

β——(H_2-H_1) 土层内的土壤含水率（占干土质量百分数）。

（3）灌溉制度的制定。如果在播种时土壤水分不足，影响作物出苗，常需在播种前进行灌水。播前灌水一般只进行一次，这次灌水称为播前灌溉。旱作物的灌溉制度分为播前灌溉和生育期灌溉两个时段来进行计算。

1）播前灌水定额可用下式计算：

$$M_1 = 1000H\rho_{土}(\beta_{max} - \beta_0)/\rho_{水} \tag{2-16}$$

式中　M_1——播前灌水定额，mm；

H——计划湿润层深度，一般取土壤计划湿润层的最大深度，其值为 0.8～1.0m；

β_{max}——最大持水率，一般为田间持水率（占干土质量百分数）；

β_0——播前灌水时 H 土层内的土壤含水率（占干土质量百分数）。

2）生育期灌溉制度的制定。根据水量平衡原理，可利用水量平衡方程式进行水量平衡计算。采用列表法计算与制定水稻灌溉制度类似，所不同的是旱作物的计算时段一般以旬为单位。其步骤为：先计算各旬计划湿润层内允许最大储水量 W_{max} 和允许最小储水量 W_{min} 及作物需水量 ET、有效降雨量 P_0、地下水补给量 K 和由于计划湿润层加深而增加的水量 W_T 等；然后自播种时计划湿润层内的储水量 W_0 开始，逐旬加上来水量，并减去耗水量，即可得各旬计划湿润层内的土壤储水量 W_t。当计划湿润层内的土壤储水量接近 W_{min} 时，应进行灌水，并使灌水后计划湿润层内的土壤储水量不大于 W_{max}。这样逐旬计算下去，直到作物成熟，即可制定出生育期的灌溉制度。

三、节水型灌溉制度

以上介绍的是充分灌溉条件下的灌溉制度，它是指灌溉供水能够充分满足作物各生育阶段的需水要求而设计制定的灌溉制度。长期以来，我国一直按充分灌溉条件下的灌溉制度来规划、设计灌溉工程，而且当灌溉水源不足时，也是按该种灌溉制度来进行灌水。

当水源供水量欠缺或遭遇干旱年或少水季节时，就不能完全按上述充分供水条件下的灌溉制度实施灌溉，需采取限额灌溉，依节水型灌溉制度进行灌溉。节水型的灌溉制度属非充分灌溉条件下的灌溉制度，是在缺水地区或时期，由于可供灌溉的水源不足，不能充分满足作物各生育阶段的需水要求，允许作物受一定程度的缺水减产，但仍可使单位水量获得最大的经济效益的灌溉制度。

节水型灌溉制度的关键是：①抓作物需水临界期，以减少灌水次数；②抓适宜土壤含水率下限，以减小灌水定额，从而仍能获得相当理想的产量水平。

当水源供水量不足时，应优先安排面临需水临界期的作物灌水，以充分发挥水的经济效益，把该时期的作物缺水影响降低到最小程度，这对稳定作物产量和保证获得较高的产量，提高水的利用率是非常重要的。例如，在严重缺水或者相当干旱的年份，棉花可以由灌三次水（现蕾期灌一次和花铃盛期灌两次）改为灌两次水（现蕾期和花铃盛期各灌水一次）或一水（在开花初期），仍能获得较好的产量。

制定节水型的灌溉制度是实现农业节水的一项基本内容，我国各地对多种作物开展了此项研究，并进行了推广。如水稻“薄、浅、湿、晒”灌溉，它是根据水稻移植到大田后各生育期的需水特性和要求，进行灌溉排水，为水稻生长创造良好的生态环境，达到节水、增产的目的。“薄、浅、湿、晒”灌溉就是薄水插秧，浅水返青，分蘖前期湿润，分蘖后期晒田，拔节孕穗期回灌薄水，抽穗开花期保持薄水，乳熟湿润，黄熟期湿润落干。这种灌溉制度，技术简明，易于农民掌握，在我国广西、安徽、湖南等地均有大面积推广应用。表2-14、表2-15为我国一些地区的节水高产型灌溉制度，可供参考。

表2-14 陕西关中棉花高产节水灌溉制度 单位：m^3/hm^2

水文年	干旱年			一般年			湿润年		
地区	灌水次数	灌溉定额	灌水时期及灌水定额	灌水次数	灌溉定额	灌水时期及灌水定额	灌水次数	灌溉定额	灌水时期及灌水定额
关中西部	2	1500	冬灌或春灌900，花铃灌600	2	1500	冬灌或春灌900，花铃灌600	1	900	冬灌或春灌
关中中部	2～3	1500～2025	冬灌或春灌900，花铃灌600～1125	2	1500	冬灌或春灌900，花铃灌600	1	900	冬灌或春灌
关中东部	3	3150	冬灌或春灌900，花铃或蕾花灌1200	2～3	1500～2025	冬灌或春灌900，花铃灌600～1125	1～2	900～1425	冬灌或春灌900，花铃灌525

表2-15 甘肃民勤春小麦高产节水灌溉制度 单位：m^3/hm^2

水文年	灌水次数	灌水日期（日/月）	灌水定额	灌溉定额
湿润年	1	5/5	750	3150
	2	25/5	750	
	3	10/6	900	
	4	30/6	750	
一般年	1	5/5	750	3900
	2	25/5	750	
	3	5/6	900	
	4	20/6	750	
	5	5/7	750	
干旱年	1	5/5	750	4500
	2	25/5	750	
	3	5/6	750	
	4	15/6	750	
	5	25/6	750	
	6	5/7	750	

第四节 灌 溉 用 水 量

一、灌水模数

（一）灌水模数的概念

灌水模数是指灌区单位灌溉面积上的灌溉净流量，又称灌水率。利用它可以计算渠道设计流量和灌区灌溉流量。

灌水率的计算应根据灌区范围内各种作物的各次灌水逐一进行计算，公式如下：

$$q_{ik}=\frac{\alpha_i m_{ik}}{36T_{ik}t_{ik}} \tag{2-17}$$

式中 q_{ik}——第 i 种作物第 k 次灌水的灌水率，$m^3/(s\cdot 100hm^2)$；

α_i——第 i 种作物的种植比，其值为第 i 种作物的种植面积与灌区灌溉面积之比；

m_{ik}——第 i 种作物第 k 次灌水的灌水定额，m^3/hm^2；

T_{ik}——第 i 种作物第 k 次灌水的灌水延续时间，d；

t_{ik}——第 i 种作物第 k 次灌水的每天灌水小时数，h。

这样可以计算出各种作物各次灌水的灌水率，计算成果见表 2-16。

表 2-16 灌 水 率 计 算 表

作 物	作物所占面积（%）	灌水次序	灌水定额（m^3/hm^2）	灌水时间（日/月）			灌水延续时间（d）	灌水率［$m^3/(s\cdot 100hm^2)$］
				始	终	中间日		
冬小麦	50	1	975	16/9	27/9	22/9	12	0.047
		2	750	19/3	28/3	24/3	10	0.043
		3	825	16/4	25/4	21/4	10	0.048
		4	825	6/5	15/5	11/5	10	0.048
棉 花	25	1	825	27/3	3/4	30/3	8	0.030
		2	675	1/5	8/5	5/5	8	0.024
		3	675	20/6	27/6	24/6	8	0.024
		4	675	26/7	2/8	30/7	8	0.024
谷 子	25	1	900	12/4	21/4	17/4	10	0.030
		2	825	3/5	12/5	8/5	10	0.024
		3	750	16/6	25/6	21/6	10	0.022
		4	750	10/7	19/7	15/7	10	0.022
夏玉米	50	1	825	8/6	17/6	13/6	10	0.048
		2	750	2/7	11/7	7/7	10	0.043
		3	675	1/8	10/8	6/8	10	0.039

从式（2-16）中可以看出，在作物种植比、灌水定额一定的情况下，影响灌水率大小的决定参数是灌水延续时间 T，而灌水率的大小又直接影响灌溉渠道的设计流量和渠系建筑物尺寸，因而影响整个工程造价。因此，灌水延续时间应根据当地作物品种、灌水

条件、灌区规模与水源条件以及前茬作物收割期等因素确定。对于万亩以上的灌区，我国各地主要作物灌水延续天数大致如下：

水　稻：泡田期灌水 5～15d；生育期灌水 3～5d。

冬小麦：播前灌水 10～20d；生育期灌水 7～10d。

棉　花：播前灌水 10～20d；生育期灌水 5～10d。

玉　米：播前灌水 7～15d；生育期灌水 5～10d。

对于面积较小的灌区，灌水延续时间可适当减少，例如一条农渠的灌水延续时间一般为 12～24h。

（二）灌水率图的绘制与修正

为了推求渠道设计流量和渠道引水流量过程线，通常按式（2-16）先计算出灌区内各种作物的各次灌水率，然后以灌水延续时间为横坐标，灌水率为纵坐标，并将同时期各种作物灌水率叠加，把一个灌溉周期（通常为一年）的灌水率绘制成图，即为全灌区年度初步灌水率图，如图 2-4 所示。从图上可以看出，各时期的灌水率相差悬殊，渠道输水时大时小，断断续续，不利于管理，若以其中最大灌水率计算渠道流量，设计渠道断面，势必偏大，这样的渠道断面在整个灌溉期使用率很低，不经济。因此，需对初步灌水率图进行修正。

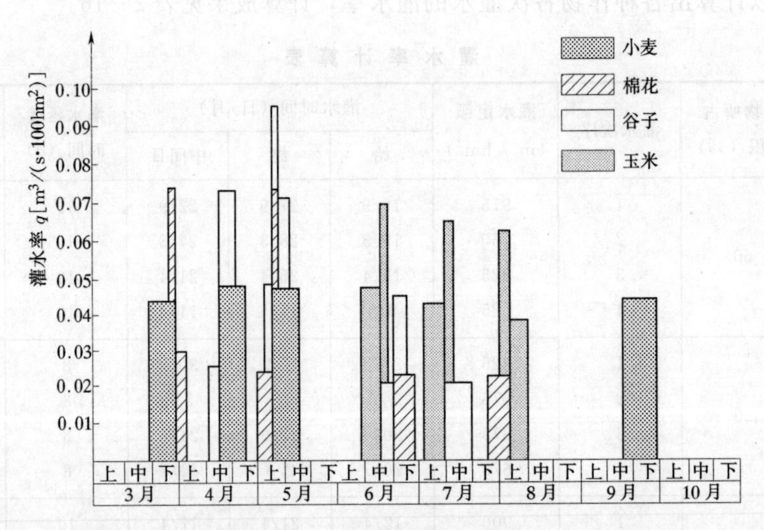

图 2-4　某灌区初步灌水率图

修正初步灌水率图时，要以不影响作物需水要求为原则，尽可能不改变作物关键时期灌水时间。必须进行调整时，提前或推迟灌水日期不得超过 3d，若同一种作物连续两次灌水均需变动灌水日期，不应一次提前、一次推后；延长或缩短灌水时间与原定时间相差不应超过 20%；应避免经常停水，特别应避免小于 5d 的短期停水；灌水定额的调整不应超过原定额的 10%，同一种作物不应连续两次减小灌水定额；当以上要求不能满足时，可适当调整作物组成。调整后的灌水率图如图 2-5 所示。

对初步灌水率图进行修正后，灌水率值不应相差过于悬殊，全年各次灌水率大小应比较均匀，以累积 30d 以上的最大灌水率为设计灌水率，短期的峰值不应大于设计灌水率的

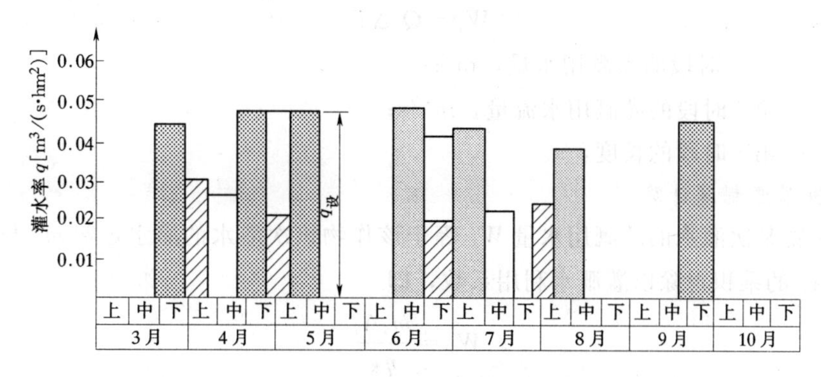

图 2-5　某灌区调整后的灌水率图

120%，最小灌水率不应小于设计灌水率的 30%。用调整后的灌水率图可求得灌区设计年引水流量过程线，此过程线应尽可能和水源来水过程线相适应。

如果灌区范围内自然条件差异较大，则应分区确定设计灌溉制度，然后根据各分区的作物组成，制定分区灌水率图，采用加权平均法，绘制成全灌区的灌水率图，经调整后供设计使用。

二、灌溉用水流量计算

灌区所需要的灌溉用水流量在年内的变化过程叫做灌溉用水流量过程线。

从灌水模数的定义可知，灌水模数图实质上是设计年单位灌溉面积上的净灌溉用水流量过程线。因此，只需把修正后的灌水模数图中的各纵坐标值分别乘以灌区总灌溉面积 A，再除以灌溉水利用系数 $\eta_{水}$，即把灌水模数图扩大 $A/\eta_{水}$ 倍，便可得到全灌区设计年的灌溉用水流量过程线，灌溉用水流量的计算公式为

$$Q_i = \frac{q_i A}{\eta_{水}} \tag{2-18}$$

式中　Q_i——第 i 时段的灌溉用水流量，m^3/s；

q_i——第 i 时段的灌水模数，$m^3/(s \cdot 100hm^2)$；

A——灌区总灌溉面积，$100hm^2$；

$\eta_{水}$——灌溉水利用系数，为进入田间的净水量与同时期渠首引水量的比值，一般可取 0.6～0.8。

灌溉用水流量过程线形象、直观，使用方便，可用于水量平衡计算，确定设计灌溉面积、设计引水流量等；管理阶段可用于编制水库调度计划、渠系引水计划及渠系配水计划等。

三、灌溉用水量计算

灌溉用水量的大小及其在年内的变化过程，与灌区的气候、土壤、作物、渠系质量、灌水技术、管理水平等因素有关，一般用下列方法进行计算：

1. 根据灌溉用水流量计算

灌溉用水流量与灌水延续时间的乘积即为灌溉用水量。因此，当设计年灌溉用水流量过程线绘出后，就可以用来计算设计年各时段和全年的灌溉用水量，其公式为

$$W_i = Q_i \Delta T_i \tag{2-19}$$

式中 W_i——第 i 时段的灌溉用水量，m^3；

Q_i——第 i 时段的灌溉用水流量，m^3/s；

ΔT_i——第 i 时段的长度，s。

2. 根据灌溉制度计算

某种作物某次灌水的灌溉用水量 W_i 等于该作物该次灌水的灌水定额 m_i 与该作物的灌溉面积 A_i 的乘积再除以灌溉水利用系数，即

$$W_i = \frac{m_i A_i}{\eta_{水}} \tag{2-20}$$

当设计年的各种作物的灌溉制度和灌溉面积确定后，即可用公式（2－19）计算出各种作物各次灌水的灌溉用水量。全灌区任一时段的灌溉用水量等于该时段内各种作物灌溉用水量之和。

3. 根据综合灌水定额计算

某一时段内各种作物灌水定额的面积加权平均值称为该时段的综合灌水定额，即

$$m_{综} = \alpha_1 m_1 + \alpha_2 m_2 + \alpha_3 m_3 + \cdots \tag{2-21}$$

式中 $m_{综}$——某时段的综合净灌水定额，m^3/hm^2；

α——作物种植比例，%；

m——灌水定额，m^3/hm^2。

任一时段的灌溉用水量为

$$W_i = \frac{m_{综} A}{\eta_{水}} \tag{2-22}$$

式中 A——全灌区的灌溉面积，hm^2。

思考与练习

1. 作物需水量与田间耗水量二者有何区别？
2. 作物灌溉制度含义及内容。制定灌溉制度的方法有哪些？
3. 试写出水田和旱作田块水量平衡方程式，并说明符号含义。
4. 什么叫灌水模数？如何绘制和修正灌水模数图？
5. 什么叫灌溉用水量和灌溉用水流量？如何计算？
6. 综合灌水定额及其计算方法。
7. 用水量平衡方程制定水稻灌溉制度。

资料：

（1）某灌区拟种植双季晚稻，设计年全生育期需水系数 α 为 1.4，水面蒸发量为 $E_{80}=350.0$mm，稻田日渗漏量为 1.5mm/d。

（2）灌水方法采用浅灌深蓄。各生育阶段需水模系数、淹灌水层上下限及雨后允许最大深度见表 2－17。

表 2-17　　水稻各生育阶段需水模系数、适宜水层上下限及雨后允许最大蓄水深

生育阶段	返　青	分　蘖	拔节一孕期	抽穗一开花	乳　期	黄　熟
起止日期（日/月）	1/8～7/8	8/8～27/8	28/8～19/9	20/9～29/9	30/9～19/10	20/10～5/11
天　数（d）	7	20	23	10	20	17
需水模系数（%）	7.1	26.8	26.2	10.9	7.0	12.0
适宜水层下限(mm)	20	25	25	30	15	0
适宜水层上限(mm)	50	50	60	60	45	30
雨后允许最大蓄水深（mm）	60	70	80	100	50	

（3）设计年双季晚稻生育期内降雨量见表 2-18。

表 2-18　　设计年双季晚稻生育期内的降雨量

日期（日/月）	2/8	9/8	31/8	2/9	4/9	5/9	8/9	15/9
降雨量（mm）	3.2	0.7	21.4	6.0	16.9	14.3	16.0	1.7
日期（日/月）	16/9	20/9	28/9	16/10	18/10	19/10	26/10	
降雨量（mm）	1.5	9.6	19.4	1.6	11.5	13.2	1.5	

（4）泡田定额为 120mm，泡田期末（7 月 31 日）田面水层为 30mm；分蘖期末要求晒田。

要求：用列表法制定水稻的灌溉制度。

8. 旱作物灌溉制度设计

资料：

（1）某灌区籽棉计划产量 2250kg/hm^2，根据相似地区试验资料，需水系数 K=2.32 m^3/kg，各生育阶段的计划湿润层深度及需水模系数如表 2-19 所示。

表 2-19　　棉花各生育阶段计划湿润层深度及需水模系数

生育阶段	幼　苗	现　蕾	花　铃	吐　絮
起止日期（日/月）	21/4～20/6	21/6～10/7	11/7～20/8	21/8～31/10
需水模系数（%）	12.5	10.5	36.5	40.5
计划湿润层深（m）	0.4	0.5	0.6	0.7

（2）设计年（P=75%）各旬降雨量见表 2-20，降雨有效利用系数 σ=1.0。

（3）灌区土壤为粘壤土，0～80cm 土层内的干密度为 $\rho_{土}$=1.45m^3/t，土壤孔隙率 A=44.7%，田间持水率 $\beta_{田}$=24%（占干土重），允许最大和最小含水率分别为 $\beta_{田}$ 和 0.6$\beta_{田}$。

（4）3 月下旬进行播前灌溉，灌水定额为 900m^3/hm^2，4 月中旬播种，播种时 0.4m

土层内的含水率为21.6%（占干土重），0.4m以下土层内的含水率为$\beta_{田}$。

（5）地下水埋深3～4m，地下水补给量可忽略不计。

要求：用列表法制定棉花的灌溉制度。

表 2-20　　设计年（P=75%）的旬降雨量

月	4			5			6			7			8			9			10		
旬	上	中	下	上	中	下	上	中	下	上	中	下	上	中	下	上	中	下	上	中	下
降雨量（mm）	0	0	9	6.5	5.5	0	0	20	0	25	10	30	38	45	0	37	9	0	18	0	0

9. 灌水模数的计算和灌水率图的绘制与修正

资料：

（1）某灌区灌溉面积为3333.3hm^2（5万亩）。

（2）各种作物种植比例和灌溉制度见表2-21。

要求：

（1）计算灌水模数。

（2）绘制并修正灌水模数图。

表 2-21　　某灌区各种作物种植比例和灌溉制度表

作　物	冬小麦				棉　花				玉　米				谷　子		
种植比例（%）	75				25				50				25		
灌水次序	1	2	3	4	1	2	3	4	1	2	3	4	1	2	3
灌水定额（m^3/hm^2）	900	600	675	600	675	675	675	675	600	675	675	600	750	750	750
灌水延续时间（d）	10	10	10	10	8	8	8	8	9	9	9	9	7	7	7
灌水中间日（日/月）	26/9	24/3	21/4	15/5	1/4	6/5	25/6	28/7	6/6	21/6	11/7	20/8	5/6	18/6	15/7

第三章 灌溉水源与灌区水量平衡计算

第一节 灌 溉 水 源

一、灌溉水源类型

灌溉水源是指天然水资源中可用于灌溉的水体，有地表水和地下水两种形式，地表水包括河川径流、湖泊以及在汇流过程中由水库、塘坝、洼淀等拦蓄起来的地面径流。目前，大量利用的是河川径流及当地地面径流。地下径流正在被广泛开发利用。随着现代工业的发展与城镇建设的加快，污水的利用也有广阔的发展前景。

1. 河川径流

河川径流是指河流、湖泊的来水。水源的集水面积主要在灌区以外，它的来水量大，不仅可作灌溉水源，而且也可满足发电、航运、供水等部门的用水要求。一般大中型灌区都是以河流或湖泊作为灌溉水源。河川水源的含盐量一般很低，但含有一定量的泥沙。

2. 当地地面径流

指由于当地降雨所产生的径流，如小河、沟溪和塘坝中的水。它的集雨面积主要在灌区附近，受当地条件的影响较大，是小型灌区的主要水源。我国南方地区降雨量大，利用当地地面径流发展灌溉十分普遍；北方地区降雨量小，时空分布不均，采用工程措施拦蓄当地地面径流用于灌溉非常广泛。如我国北方一些城市，为充分利用雨水，修建了一些蓄水设施。在干旱缺水的甘肃、宁夏等省（区），还因地制宜地推出了“121”雨水集流工程，即农村每户建100m^2集水面积，修两个集水坑，建一亩水浇地。

3. 地下径流

一般指埋藏在地面下的潜水和层间水。它是小型灌溉工程的主要水源之一。我国对地下水的开发利用有着悠久的历史。特别是西北、华北及黄淮平原地区，地表水缺乏，地下水丰富，开发利用地下水尤为必要。

4. 城市污水

一般指工业废水和生活污水。城市污水肥分高，水量稳定，经过处理用于灌溉增产显著，已被城市郊区农田广泛利用。这不仅是解决灌溉水源的重要途径，而且也是防止水资源污染的有效措施。但是，城市污水用于灌溉，必须经过处理后符合农田灌溉水质标准时才能利用。

为了扩大灌溉面积和提高灌溉保证率，必须充分利用各种水资源，将地面水、地下水、大气水（降水）和城市污水统筹规划，全面开发，综合利用，为发展农业生产提供可靠的保障。

二、灌溉对水源的要求

（一）对水位和水量的要求

灌溉要求水源有足够高的水位，以便能够自流引水或使壅水高度和提水扬程降低。在水量方面，水源的来水过程应满足灌溉用水过程，以便尽量减小调蓄水量。当水源的天然来水不能满足灌溉用水要求时，应采取工程措施，调节水源的水位和水量，使之满足灌溉用水的需要。

（二）对水质的要求

灌溉水质主要是指水的化学、物理性状，水中有机物和无机物的含量等。灌溉水源的水质应满足作物正常生长发育要求，不破坏土壤理化性状，不会使土壤污染及地下水质恶化，并使农产品质量达到食品卫生标准。具体要求如下：

1. 泥沙含量

泥沙是河流水源水质的主要问题。水中含有一定量的泥沙是不可避免的，但引入渠首的泥沙含量应控制在一定范围之内，否则大量泥沙入渠，势必使渠道淤塞，不仅降低渠道输水能力，每年清淤还要花费大量的人力和物力。当泥沙含量大于15%时，不宜引水灌溉。灌溉水中粒径小于0.001～0.005mm的微粒，含有较丰富的养分，可以随水入田；粒径为0.005～0.1mm的泥沙，可少量入田；而粒径大于0.1～0.15mm的泥沙，一般不允许入渠。

2. 含盐量（或矿化度）

含盐量是指灌溉水中所含的可溶性盐分的总量，也称全盐量或矿化度，通常用每升水中含可溶性盐的毫克数（或克数）来表示，即mg/L或g/L。灌溉水中的含盐量过高，不仅会引起土壤次生盐碱化，而且对作物生长也有危害。对灌溉用水来说，一般认为，矿化度小于1.7g/L可以用来灌溉；矿化度为1.7～3g/L时，应采取适当措施才能用来灌溉；矿化度大于3g/L时，不宜用来灌溉。

3. 水温

灌溉水的温度对作物的生长也有一定的影响。水温偏低，对作物生长起抑制作用；水温过高，则会降低水中溶解氧的含量并提高水中有毒物质的毒性，妨碍或破坏作物、鱼类的正常生长和生活。因此，灌溉水温要适宜。麦类根系生长的适宜温度为15～20℃，允许最低温度为2℃；水稻田灌溉水温宜为15～35℃，最高不超过38℃。泉水、井水及水库底层水，由于水温偏低，应采取适当措施，如延长输水距离，实行迂回灌溉，或采取水库分层取水等措施以提高水温。

4. 有害物质

灌溉水中常含有某些重金属和非金属砷以及氰、氟的化合物等，其含量若超过一定数量，就会使作物中毒，或残留在作物体内，使人畜食用后产生慢性中毒。因此，对灌溉水中的有毒物质含量，应该严格加以限制。

灌溉水源的水质应符合GB 5084—92《农田灌溉水质标准》的要求。

三、灌溉水源的保护

随着社会经济的发展，生活污水和工厂排放的废水日益增多，已使越来越多的灌溉水源受到污染，给农业生产带来了严重的威胁。因此，消除污染，保护好水源，已成为当前发展农业生产的一项不可忽视的工作。

1. 灌溉水源的污染

灌溉水源污染是指由于人类活动向水体排入的污染物的数量超过了水体的自净能力，

从而改变了水体的物理、化学或生物学的性质和组成，使水质恶化，以致不适于灌溉农田。工业废水是污染灌溉水源的最主要来源，特别是冶金、机械、矿山、炼油、化工、造纸、皮革、印染、食品等工业，不仅排放的废水量大，而且所含的有毒成分十分复杂，对农业危害最大。此外，工业废渣中的有害物质，还会通过雨水冲刷、渗入浅层地下水或流入河流；工业废气中的各种污染物质也会随降雨（酸雨）进入地面水体。

城市生活污水也是重要污染源之一。城市生活污水是指从家庭、机关、学校、医院、服务行业及其他非工业部门排出的污水，污水中除含有各种有机、无机物质外，还含有对人体健康有害的传染病菌和放射性物质，用这种污水灌溉农田后，有害物质也会污染粮食和蔬菜。

农业生产中大量施用农药和化肥（主要是氮肥），通过地表径流或入渗，也可污染地表水源或地下水。

2. 灌溉水源污染的防治

我国水资源并不丰富，日趋严重的水污染使水资源供需矛盾更加突出，水污染是造成水资源危机的重要原因之一。开发利用水资源，水量与水质并重已逐渐被人们所认识。而保护水源的根本问题是防止人类活动造成对水源的污染和破坏。因此，要坚决执行《中华人民共和国水污染防治法》和国家有关规定。水污染防治的基本方针应该是控制和消除污染源。为防治灌溉水源污染及减轻因灌溉水源污染对农业造成的危害，可采取下列措施：

（1）控制污染源，减少污染物的排放量。在灌溉水源保护区内，发现对水体有严重污染的建设项目应及时、主动与环保部门取得联系，停止修建或采取必要防范、净化措施，避免污染水体。排污口向水库、塘堰、河渠排污，必须符合排放标准。严禁用渗坑、渗井或漫流等方式排放有害的工业废水和城市污水。

（2）加强监测管理，严格执行灌溉水质标准。对重要的灌溉水源地要进行水质监测，同时加强灌溉管理，这是保护水源不受污染，作物不受危害的重要环节。灌溉供水水源的监测工作应根据工程规模、运行特性、环境特点和保护对象等条件确定。工作内容应包括监测项目、周期及频率等。监测项目按全国统一规定的必须项目有：水温、色度、浊度、电导率、pH 值、总悬浮物、总硬度、溶解氧、化学耗氧量、生物需氧量、氨氮、亚硝酸盐氮、硝酸盐、挥发性酚、氰化物、砷化物、总汞、六价铬、铅、镉和铜等。根据四川都江堰管理局的经验，监测频率全年分为枯水期、平水期、丰水期进行监测，每期采样两次，由于取样化验需要较多的费用，如果水质变化不大，可加长间隔时间或缩减监测项目。

应严格监测施用农药及化肥后的回归水对水源的污染，尤其是对地下水的污染，测定危害物的浓度，利用生物降解作用，减少农药及化肥的有害成分，禁止使用某些有明显副作用的农药及化肥。地下水长期处于过量开采的地区，宜采取措施对地下水进行回补。回补后，地下水质不应劣于补给前的地下水水质，地下水位埋深不宜小于 2m。在划定的水源保护区内，应保持天然植被和种植有经济价值并对水资源有良好保护效果的乔、灌木。

在监测和管理过程中，应严格执行 GB 5084—92《农田灌溉水质标准》，凡超过标准规定时，应慎重使用。

（3）合理利用污水进行灌溉。随着工业的发展和城市规模的扩大，工业废水和城市生活污水的排放量日益增多。由于这些污水中含有一定的营养成分，因此农业上常常将其作为灌溉水源和肥源，特别是我国北方干旱缺水地区，大部分污水被用来灌溉农田，这对增加农业产量和减轻江河污染起了一定作用。引用工业废水和其他污水作为灌溉水源，应符合 GB 5084—92《农田灌溉水质标准》的规定。

第二节 灌溉取水方式

不同的灌溉水源，对应的灌溉取水方式也不相同。地下水资源丰富的地区，可以打井灌溉。以地表水为灌溉水源时，按水源条件和灌区的相对位置，可分为蓄水灌溉、引水灌溉、提水灌溉等几种方式。以河流为灌溉水源的取水方式，如图 3-1 所示。

一、引水取水

当河流水量丰富，不经调蓄即能满足灌溉用水要求时，在河道的适当地点（如图 3-1 中 A、B 处）修建引水建筑物，引水自流灌溉。引水取水分无坝引水和有坝引水两种。

1. 无坝引水

当河流枯水时期的水位和流量都能满足自流灌溉要求时，可在河岸上选择适宜地点修建进水闸，引河水自流灌溉农田。在丘陵山区，灌区位置较高，近处河流水位较低，水位不能满足自流灌溉要求时，可在河流上游水位较高的地点引水（如图 3-1 中 A 处），以取得自流灌溉要求的水位高程。

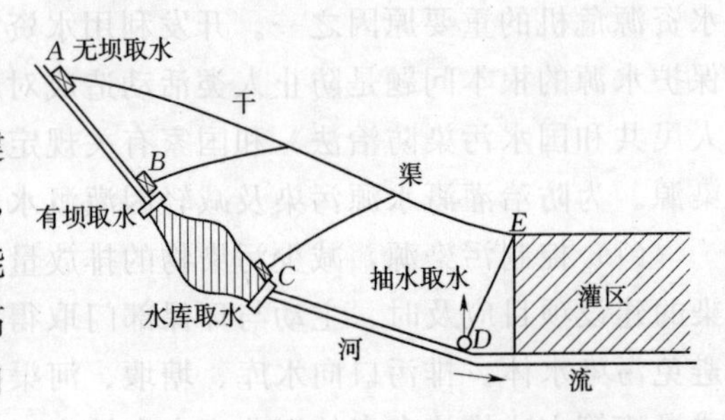

图 3-1 河流水源取水方式示意图

相对于有坝取水，无坝引水具有工程简单、投资较少、施工容易、工期较短等优点，但不能控制河流的水位和流量，枯水期引水保证率低，且取水口往往距灌区较远，需要修建较长的干渠和较多的渠系建筑物，还可能引入大量泥沙，淤积取水口和渠道，影响正常引水。

无坝引水取水口位置应布置在河床坚固、河流凹岸中点偏下游处，以便利用弯道横向环流的作用，使主流靠近取水口，以引取表层清水，防止泥沙淤积取水口和进入渠道。在较大的河流上引水，为保证主流稳定，减少泥沙入渠，一般认为引水流量不应超过河流枯水流量的 30%。引水流量与河流来水流量的比值称为引水系数，无坝引水一般不超过 0.3。

无坝引水枢纽（或称渠首）一般由进水闸、冲沙闸和导流堤 3 部分组成。进水闸用来控制入渠流量，其中心线与河流主流方向的夹角一般为 30°～45°，以使入渠水流顺畅和引取较多的水量；其底板高程可与闸后渠底齐平或稍高，但必须高出闸前河底高程 1～2m，以防止河流中的推移质泥沙入渠；闸顶高程应高于闸前河流最高洪水位。冲沙闸用以冲刷淤积在进水闸前的泥沙，其底板高程应低于进水闸的底板高程。导流堤一般在中小河流中修建，平时导流引水与防沙，枯水期拦截河水，确保引水入渠。

2. 有坝取水

河流流量能满足灌溉引水要求，但水位略低于渠道引水要求的水位，这时可在河流上修建壅水建筑物（低坝或拦河闸），抬高水位，以满足自流引水灌溉的要求。在灌区位置已定时，有坝取水比无坝取水增加了拦河坝（闸）工程，但却缩短了干渠长度，减少了渠道工程量，而且引水可靠，利于冲沙。有些山丘地区丰水季节流量大，水位也够，而枯水季节则引水困难，为保证枯水期引水，也需要修建临时性低坝，拦河引水抗旱。

有坝引水枢纽主要由溢流坝、进水闸、冲沙闸以及防洪堤等建筑物组成，溢流坝用以拦截河水，抬高水位，并从坝顶宣泄河道多余的水量及汛期洪水，坝长要满足泄洪要求，坝高一般为 3～8m。进水闸位于坝端河岸上，用以控制入渠流量。冲沙闸用以冲沙，防止泥沙入渠，是多泥沙河流低坝引水枢纽中不可缺少的组成部分，其过水能力一般应大于进水闸的过水能力，而底板高程则应低于进水闸的底板高程，以便在进水闸前形成冲沙槽，取得良好的冲沙效果。防洪堤是为了减少壅水坝上游的淹没损失，洪水期间保护上游城镇和交通的安全，一般是在溢流坝上游沿河岸修建。此外，若有通航、过鱼、放木和发电等综合利用要求时，尚需设置船闸、鱼道、筏道和电站等建筑物。

二、蓄水取水

蓄水灌溉是利用蓄水设施调节河川径流灌溉农田。当河流的天然来水过程不能满足灌区的灌溉用水过程时，可在河流的适当地点（如图 3－1 中 D 处）修建水库等蓄水工程，调节河流的水位和流量，以解决来水和用水之间的矛盾。

水库蓄水一般可兼顾防洪、发电、航运、供水和养殖等方面的要求，为综合利用河流水资源创造了条件，水库枢纽一般由挡水建筑物、泄水建筑物和取水建筑物组成。水库枢纽工程量大，库区淹没损失较多，对库区和坝址处的地形、地质条件要求较高。因此，必须认真选择好库址和坝址。在管理运用中，应合理进行调度，积极开展多种经营，以充分发挥单位水体的效益。

塘堰是小型蓄水工程，主要拦蓄当地地面径流，一般有山塘和平塘两类，在坡地上或山冲间筑坝蓄水所形成的塘叫山塘；在平缓地带挖坑筑堤蓄水所形成的塘叫平塘。塘堰工程规模小，技术简单，群众易办，对地形地质条件要求较低。虽然单个塘堰的蓄水能力不大，但由于数量众多，总的蓄水能力还是很大的。为了提高塘堰的复蓄次数及调蓄能力，可将塘堰用输水渠道与其他水源工程联结起来，形成大中小、蓄引提相结合的灌溉系统。

三、提水取水

河流水量丰富，而灌区位置较高，河流水位和灌溉要求水位相差较大，修建自流引水工程困难或不经济时，可在灌区附近的河流岸边修建抽水站，提水灌溉农田（如图 3－1 中 C 处）。由于它无需修建大型挡水或引水建筑物，受水源、地形、地质等条件的限制较少，且具有机动灵活、一次投资少、成本回收快等特点，特别适用于喷灌、滴灌和低压管道输水灌溉等节水灌溉系统，但增加了机电设备和厂房、管道等建筑物，需要消耗能源，运行管理费用较高。

为了充分利用地表水资源，最大限度地发挥各种取水工程的作用，常将蓄水、引水和提水结合使用，这就是蓄引提结合的农田灌溉方式，如图 3－2 所示。蓄引提结合灌溉系统主要由渠首工程、输配水渠道系统、灌区内部的

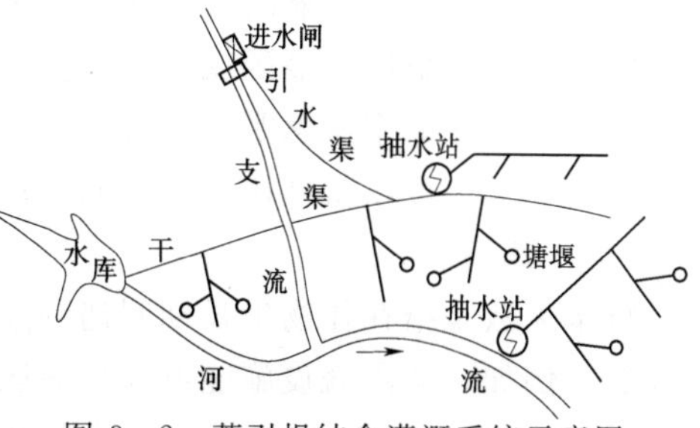

图 3－2　蓄引提结合灌溉系统示意图

中小型水库和塘堰以及提水设施等几部分组成。由于渠首似根，渠道似藤，塘库似瓜，故又称此为长藤结瓜式灌溉系统。它是一种以小型工程为基础，大中型工程为骨干，大中小结合，蓄引提结合的灌溉系统，是山区、丘陵地区比较理想的灌溉系统。

蓄引提结合的灌溉系统有一河取水、单一渠首的灌溉系统和多河取水、多渠首的灌溉系统等几种类型。

第三节 灌区水量平衡计算

灌区水量平衡计算是根据水源来水过程和灌区用水过程进行的。所以，在进行来水量、用水量计算之前，必须首先确定水源的来水过程和灌区的用水过程。但是，这两个过程都是逐年变化的，年年各不相同。因此，在灌溉工程规划设计时，必须首先确定用那个年份的来水过程和灌区用水过程作为设计的依据。工程实践中，中小型灌溉工程多采用一个特定水文年份的来水过程和用水过程进行平衡计算，这个特定的水文年份叫做设计典型年，简称设计年，而设计年又是根据灌溉设计标准确定的。所以，在进行灌区水量平衡计算前，应先确定灌溉设计标准。

一、灌溉设计标准

选择设计年所依据的标准称为灌溉设计标准。它综合反映了灌溉水源对灌区用水的保证程度。灌溉设计标准越高，灌溉用水得到水源供水的保证程度越高。所以，它是一个关系到灌溉工程的规模、投资和效益的重要指标。我国表示灌溉设计标准的指标有两种：一是灌溉设计保证率；二是抗旱天数。

（一）灌溉设计保证率

灌溉设计保证率（P）是指灌溉工程在多年运行期间能够得到供水保证的概率，以正常供水的年数占总年数的百分数表示。如 $P=80\%$，表示某一灌区在长期运用中，平均100年里有80年的灌溉用水量可以得到水源供水的保证，其余20年则可能供水不足，作物生长要受到影响。灌溉设计保证率是进行灌溉工程规划设计时所选定的设计标准。选定灌溉设计保证率不仅要考虑水源供水的可能性，同时要考虑作物的需水要求。在水源一定的条件下，灌溉设计保证率定得高，灌溉用水量得到保证的年数多，灌区作物因缺水而造成的损失小，但可发展的灌溉面积小，水资源利用程度低；定得低时则相反。在灌溉面积一定时，灌溉设计保证率高，灌区作物因供水保证程度高，增产的可能性也大，但工程投资及年运行费用大；反之，虽可减小工程投资及年运行费用，但作物因供水不足而减产的几率将会增加。因此，灌溉设计保证率定得过高或过低都是不经济的，应根据水文气象、水土资源、作物组成、灌区规模、灌水方法及灌区经济效益等因素，参照表3-1确定。

灌溉设计保证率概念明确，可以利用当地的水文气象等资料进行分析计算确定。如果资料系列较长，可以得到比较满意的结果。因此，这种方法在我国被广泛采用。

（二）抗旱天数

抗旱天数是指在作物生长期间遇到连续干旱时，灌溉设施能够满足灌区作物用水要求的天数。例如，某灌溉设施能够满足灌区连续50d干旱的灌溉用水要求，则该灌溉设施的抗旱天数为50d。用抗旱天数作为灌溉设计标准，概念具体，易于理解，适用于以当地水

表 3-1　　灌溉设计保证率

灌水方法	地　　区	作物种类	灌溉设计保证率（%）
地面灌溉	干旱地区或水资源紧缺地区	以旱作为主	50～75
		以水稻为主	70～80
	半干旱、半湿润地区或水资源不稳定地区	以旱作为主	70～80
		以水稻为主	75～85
	湿润地区或水资源丰富地区	以旱作为主	75～85
		以水稻为主	80～95
喷灌、微灌	各类地区	各类作物	85～95

源为主的小型灌区，在我国南方丘陵地区使用较多。

选择抗旱天数时应进行技术经济分析。抗旱天数定得高，作物缺水受旱的可能性小，但工程规模大，投资多，水资源利用不充分，不一定经济；反之，定得低，工程规模小，投资少，水资源利用较充分，但作物遭受旱灾的可能性也大，也不一定经济。应根据当地水资源条件、作物种类及经济状况等，全面分析论证，以期选取切合实际的抗旱大数。GB 50288—99《灌溉与排水工程设计规范》规定：以抗旱天数为标准设计灌溉工程时，单季稻灌区可用 30～50d，双季稻灌区可用 50～70d。经济发达地区可按上述标准提高 10～20d。

目前，我国采用的抗旱天数为 50～100d。水源丰富和以水稻为主的南方地区，如江苏、广东等省，抗旱标准较高，采用 70～100d；水源缺乏和以旱作物为主的北方地区，如陕西、宁夏等省（区），抗旱标准较低，采用 60～90d。

二、灌区水量平衡计算

灌区水量平衡计算是在充分开发利用灌区内水、土资源和挖掘灌区内各种水利设施潜力的基础上，计算为达到某个设计标准的供需关系。对新建灌区来说，是为确定灌区范围、渠首工程规模和渠道设计流量提供设计依据；对已成灌区来说，是研究灌区扩大的可能性及需要新建、扩建水利设施的数量等。

（一）灌区水利设施供水量分析计算

灌区水利设施主要有塘堰、河坝、小型水库等。其供水量分析计算方法简述如下。

1. 塘堰供水量的分析计算

塘堰在灌区内分布广、数量多、供水潜力大，是灌区尤其是长藤结瓜灌溉系统中不可缺少的基础工程，其供水量计算一般采用以下几种方法：

（1）塘堰复蓄次数法。可用下式估算塘堰的供水量

$$W = NV \tag{3-1}$$

式中　W——灌溉季节塘堰供水量，m^3/hm^2；

N——塘堰复蓄次数，为塘堰所提供的灌溉水量与其有效容积之比值，一般通过灌区调查获得，也可参考表 3-2 选用；

V——单位灌溉面积上的塘堰有效容积，m^3/hm^2。

（2）抗旱天数法。通过对干旱年份的调查，可收集到塘堰的抗旱天数 t（d）及作物耗水强度 e（mm/d），然后按下式计算：

$$W = 10etA \tag{3-2}$$

式中 W——塘堰供水量，m^3；

A——灌溉面积，hm^2。

2. 小型河坝引水量计算

河坝引水量的大小取决于河坝截引集雨面积 F（hm^2）的大小，年径流及其分配过程和引水渠断面尺寸，可按下式计算

$$W_{引} = 10Fy\eta \tag{3-3}$$

式中 $W_{引}$——小型河坝引水量，m^3；

y——月径流深，mm；

η——径流利用系数，一般为 0.7～0.8。

表 3-2　塘堰复蓄次数

塘堰类型 \ 地区	湖南	湖北	
孤立塘堰	0.7～1.2	丰水年	1.5～2.0
		平水年	1.2～1.8
		干旱年	0.5～1.0
结瓜塘堰	1.2～1.5	比孤立塘堰大	0.5～1.0

3. 小型水库兴利库容及供水量计算

小型水库是灌区重要蓄水设施之一，其库容及供水量一般采用以下方法计算。

（1）按来水量估算。这种方法适用于灌溉面积较大，而水库流域面积相对较小的情况。计算公式如下：

$$V_{兴} = \beta W_0 = 10\beta yF \tag{3-4}$$

式中 $V_{兴}$——水库兴利库容，m^3；

β——库容系数，为兴利库容与多年平均径流量的比值，一般为 0.7～0.9；

W_0——多年平均径流量，m^3；

y——多年平均径流深，mm；

F——流域面积，hm^2。

（2）按用水量估算。这种方法适用于水库流域面积较大，而需要灌溉面积相对较小的情况。计算公式如下：

$$M = m_{综} A \tag{3-5}$$

或

$$M = 10etA \tag{3-6}$$

式中 M——灌溉用水量，m^3；

$m_{综}$——干旱年份综合灌溉定额，m^3/hm^2；

其余符号意义同前。

由于水库蓄水后有蒸发和渗漏损失，所以应把灌溉用水量扩大10%～15%作为兴利库容，即

$$V_{兴} = (1.1 \sim 1.15)M \tag{3-7}$$

按以上方法可估算出两个兴利库容，从中选取较小值作为水库的兴利库容。

（二）灌区水量平衡分析计算

灌区水量平衡计算可分为引水、蓄水、提水、蓄引提结合的灌溉工程等几类。引水灌溉工程水量平衡计算是在分析灌区来水过程和用水过程的基础上进行分析计算，然后确定

灌区引水量、设计灌溉面积及需要调配的水量等，方法较简单，此处不予介绍；蓄水灌溉工程水量平衡计算已在《工程水文基础》中讲述，此处不再赘述；提水灌溉工程水量平衡计算将在《水泵与水泵站》中阐述；对于以蓄为主，蓄、引、提结合的灌溉取水方式，由于灌区内各种水利设施需要联合运用，水量平衡计算比较复杂，所以本节仅介绍一般方法。对于井灌区水量平衡计算，可参阅第七章井灌规划。

1. 分片包干水量平衡计算

所谓分片包干是指灌区内的中、小型水库和引水、提水工程各自分片划定灌溉面积，自成小型灌溉系统，单独进行水量平衡计算，不与骨干工程联合运用，不承担反调节任务。这是一种尚未形成长藤结瓜系统的水量调配方式，在大、中型蓄水工程的规划阶段采用较多，以便留有充分余地，协调规划阶段所预料不到的矛盾。在管理体制尚未完全形成"统一水权"的情况下，也只能采用这种调配方式，现以一个骨干水库为主的水库灌区的灌溉系统为例，说明其水量调配计算方法。

【例 3-1】 某骨干水库灌区，灌溉面积 1.67 万 hm^2，灌区内中、小型水库分片包干灌溉面积 0.333 万 hm^2，骨干水库及塘堰的灌溉面积 1.333 万 hm^2，灌区用水时间为 4 月中旬至 8 月下旬，各旬的综合净灌水定额及每 hm^2 灌溉面积上的塘堰供水量已列于表 3-3 中的第（2）栏及第（4）栏，骨干水库灌区的灌溉水利用系数为 0.65，试进行灌区水量平衡计算，推求骨干水库的供水过程。

解： 计算过程见表 3-3。

塘堰提供的水量有两种使用方式：一是径流随到随用；二是集中于用水紧张时期使用，以削减用水高峰。表 3-3 中 4 月中旬第一次用水属于集中用水，使水库可以延长开闸供水；而 6～8 月用水季节则考虑了月内相对集中使用，从而在一定程度上削弱了 6 月中旬及 7 月中旬的用水高峰。

由于塘堰分布在全灌区，放水直接进入田间，不必考虑渠道输水损失，所以从净灌溉用水量中扣除塘堰供水量，即为渠道净供水量，再加上输水损失即为水库供水量。

2. 长藤结瓜灌溉系统水量平衡计算

长藤结瓜系统就是用渠道把灌区内分散的塘堰、小型水库等与骨干工程连接起来，形成渠道是"藤"、塘堰是"瓜"的灌溉系统。这种灌溉系统由于把大中小、蓄引提工程结合起来，统一调配，联合运用，能充分利用各种水源，调蓄能力强，提供的水量多，灌溉面积大，用水保证率高，并为综合利用创造了有利条件，是山丘区比较完善的灌溉系统。长藤结瓜灌溉系统水量平衡计算比较复杂，既要分析灌区内塘堰工程的供水量及其调节作用，又要分析骨干工程的调节作用，这里仅简单介绍方法步骤。

（1）灌区水量平衡区的划分。一般按渠系（干渠或较大的支渠）划分平衡片。为了简化计算，每个子平衡片又分为无水利设施区和有水利设施区，以便分片分区进行水量平衡计算。

（2）灌区水量平衡计算步骤。①按设计的灌溉制度，计算灌区灌溉用水量；②计算灌区内水利设施可供水量：河坝、泉井可引水量及塘、库产水量，可按前述方法计算；③进行灌区塘坝调节计算：采用"先用塘水，后用库水"的原则，按灌溉所需水量，尽量先用河坝、泉井的可引水量，其不足部分再由塘、库补给；④进行灌区水库调节计算：灌区水库在满足河坝、泉井及坝塘调节后，灌溉用水量的不足部分则由骨干水库供水；⑤计算骨干水库总净供水量：包括对无水利设施区的直接供水，与有水利设施区经过现有水利设施调节后不足部分的水量，即为骨干水库的净供水量。

表 3-3　　　　　　　　　　某灌区水量平衡计算表

日期		综合净灌水定额（m^3/hm^2）	灌区净灌溉用水量（万 m^3）	塘坝供水量		渠道净供水量（万 m^3）	骨干水库供水量（万 m^3）	备注
月	旬			m^3/hm^2	万 m^3			
(1)		(2)	(3) = (2) ×A	(4)	(5) = (4) ×A	(6) = (3) －(5)	(7) = (6) /$\eta_水$	
4	中	588	784	648	784	0	0	
	下				0		0	
5	上	336	448		100	348	535	
	中			220.5	0	0		
	下	750	1000		274	726	1117	1. $A=1.333$ 万 hm^2，$\eta_水=0.65$； 2.（2）栏内数据根据灌溉制度确定； 3.（4）栏数据根据塘坝来水量计算确定
6	上	301.5	402	46.65	62	340	523	
	中	826.5	1102	210	280	822	1265	
	下	441	588	66.6	89	499	768	
7	上	462	616	57.9	77	539	829	
	中	666	888	366	488	400	615	
	下	504	672	131.1	175	497	765	
8	上	105	140	28.35	38	102	157	
	中			114.9	0	0	0	
	下	378	504		153	351	540	
合计		5358	7144	1890	2520	4624	7114	

思考与练习

1. 灌溉水源主要有哪些类型？灌溉对水源有何要求？如何保护灌溉水源？

2. 简述灌溉取水方式类型及其适用条件？

3. 有坝取水枢纽由几部分组成？各组成部分有何作用？

4. 灌溉设计标准有几种表示方法？如何确定灌溉设计标准？

5. 什么叫塘堰复蓄次数？

6. 引水灌溉工程水量平衡计算

资料：

(1) 某无坝引水灌溉工程，计划灌溉面积 0.3 万 hm^2，设计代表年（$P=80\%$）河流的来水过程及灌区用水过程见表 3-4。

(2) 无坝取水最大引水系数为 0.3。

表 3-4　　某灌区设计代表年（P=80 %）的河流来水过程及用水过程表

月　份	5		6			7			8			9	
旬	中	下	上	中	下	上	中	下	上	中	下	上	中
河道流量（m^3/s）	15.0	13.7	12.1	13.0	13.6	14.2	18.5	11.0	9.0	21.0	19.0	14.0	13.0
灌区用水量（m^3/hm^2）	1500	1335	870	810	1110	1050	1170	1185	870	675	810	645	135

要求：

（1）列表进行水量平衡计算，确定设计灌溉面积。

（2）确定干渠渠首设计引水流量及最小引水流量。

（3）若不能保证灌溉 0.3 万 hm^2 的面积，应采取哪些措施？

第四章　灌溉渠系规划设计

第一节　灌溉渠系规划布置

一、灌溉渠系的组成及渠道分级

灌溉渠系一般由取水枢纽（或称渠首工程）、灌溉渠道、渠系建筑物和田间工程4部分组成。其主要作用是把从水源引取的灌溉水输送到田间，适时适量地满足作物需水要求，促进“两高一优”农业的发展。很多灌区既有灌溉任务也有排水要求，在修建灌溉渠系的同时，必须修建相应的排水系统，灌排统一规划，如图4-1所示。

灌溉渠道一般分为干、支、斗、农四级，干、支渠主要起输水作用，称为输水渠道；斗、农渠主要起配水作用，称为配水渠道。渠道级数的多少主要根据灌区面积大小和地形条件而定。灌区面积大，地形复杂时可增设总干渠、分干渠等；灌区面积小，地形平坦或呈狭长形时，可采用干、斗、农三级渠道，甚至干、农两级。农渠以下的毛渠、输水沟、灌水沟、畦等属田间工程，主要起灌水作用。渠系上的各种配套建筑物主要起调控水量、流量等作用。

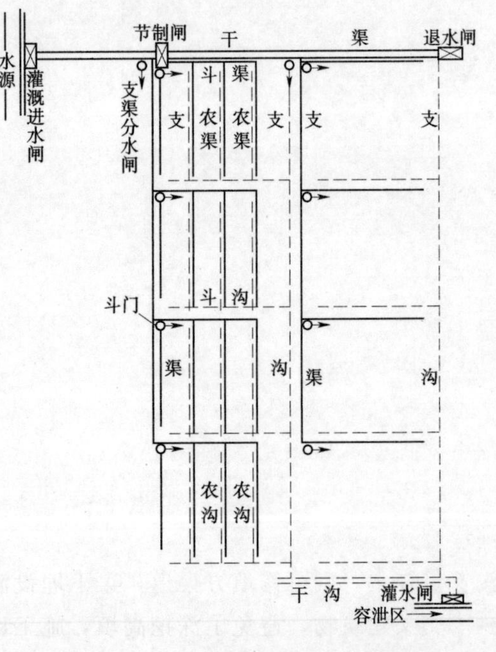

图4-1　灌溉排水系统组成示意图

二、渠系规划布置原则

（1）沿高地布置，力求控制最大的灌溉面积。对控制范围内局部高地，不易实现自流灌溉或需增加较多工程量时，可考虑提水灌溉或改种耐旱作物等方式予以解决。

（2）力求经济合理。上下级渠道尽可能垂直布置，渠线宜短直；尽量少占耕地，并避免穿越村庄，尽量少拆或不拆房屋及其他建筑物；尽量避免与河流、道路相交；要充分利用灌区内原有的水利工程设施，以降低工程造价；建筑物尽量联合修建，形成枢纽。

（3）保证工程安全。渠线应尽量避开险工险段和深挖、高填，以求渠床稳定、施工方便、输水安全。

（4）灌排统一规划。一般应做到灌有渠，排有沟，灌排分开，自成体系。应尽量保持原有排水系统，不打乱自然排水流向，保证排水通畅。

（5）便于管理和工程维护。渠系布置应兼顾行政区划和土地利用规划，每个乡、村应有独立的配水口或单独使用一条渠道，以便于用水管理与工程维护。

(6) 要考虑综合利用。在满足灌溉要求的前提下，尽量满足其他部门用水要求，做到一水多用。比如在水位落差较大的地方，可结合发展小型水力发电或水力加工等。

(7) 积极开源节流，充分利用当地水土资源。有条件的灌区应建立“长藤结瓜”式灌溉系统，以发挥当地塘坝的调蓄作用，提高当地塘坝的灌溉标准，同时也可有效地扩大灌溉水源，增加灌溉面积。

三、干、支渠的规划布置

(一) 干、支渠规划布置要点

1. 合理确定渠线

在灌溉水源和灌区范围确定后，干、支渠的走向主要取决于地形条件。根据地形条件合理选择渠线是干、支渠规划布置的要点之一。渠线的选择必须恰当，既要尽可能控制最大的自流灌溉面积，又不应为灌溉局部高地而使渠道位置定得过高，以免加大工程量、增加工程投资、造成施工和管理困难。因此，在规划布置时，应正确划分适宜灌溉的范围，合理确定自流灌区和提水灌区的界限，对于局部高地可提水灌溉或弃而不灌，不能因此而抬高渠道高程，增加工程造价。

2. 解决好灌区排水

在规划布置干、支渠时，必须充分考虑灌区的排水要求以及排水系统的合理布局，灌排统一规划布置。一般情况下，对于易涝、易渍、易碱的平原地区，首先应考虑和满足排水要求，要以天然河沟为基础先布置排水沟道，再以排水系统为基础布置灌溉渠道。在布置干、支渠时，不应打乱灌区的原有排水系统和切断天然河沟的排水出路，尽量避免和排水沟道交叉。

3. 合理穿越障碍

山丘区渠道布置时，经常会遇到河、溪、沟、谷、冲、岗等天然地形障碍和不利的地质条件，必须认真研究，合理解决。通常的做法是：“浅沟环山行，深谷直线过，跨谷寻窄浅，穿岗求单薄”。渠道过河沟有四种方案：绕行、填方、渡槽、倒虹吸。一般情况下，河沟开阔平缓，可随弯就弯，绕沟而行；河沟窄浅，可修渡槽；河沟宽深宜修倒虹吸；河沟流量较小，则可修填方渠道，渠下埋设涵管。环山沟绕行，渠线长，水头损失大，但减少了交叉建筑物，避免了深挖高填，施工比较方便。直线穿行，渠线短，水头损失小，但增加了建筑物，施工比较复杂。因此，需根据具体情况，通过技术经济比较，选取最优穿越方式。渠道遇到岗丘也有环山绕行、深挖切岗和打隧洞等三种方案。若绕行和深挖工程量差不多，宜深挖直线通过，因为直线通过渠线短，水头损失小，控制灌溉面积大；若挖方段岩层破碎，输水损失大，管理维修困难，宜绕行。渠道在行进中可能会遇到地质断层、破碎带和强风化带等不利地质条件，为减少输水损失，保证渠道安全，对这类地质障碍一般能绕就绕，尽量避开，迫不得已时，需清基（针对破碎带或强风化带）或灌浆（针对断层）处理。

上述各种方案中，在进行方案比较时，除考虑工程量大小外，还应考虑水头和水量损失、工程安全、施工和管理难易等因素。

4. 做好渠道防洪

山丘型灌区的干渠多盘山修建，这些干渠的上侧有大片的坡面面积，遇有暴雨，大量的坡面径流和河沟中的洪水便会夺渠而入，冲毁渠道和建筑物，淹没大片农田。因此，必须给暴雨洪水以出路，解决好渠道防洪问题。主要措施有：

(1) 小水入渠。当山洪流量较小时，可让洪水入渠，用干渠做临时撇洪渠，在干渠的适当位置设置泄洪闸或溢洪侧堰，将洪水就近泄入排水沟道。

(2) 开挖撇洪沟。若山洪流量较大，可在干渠的上侧开挖撇洪沟，用以拦截坡面径流，并输送至泄洪闸处排入天然河沟。

(3) 修建立体交叉建筑物。凡渠道跨越天然河沟，均应设置立体交叉排洪建筑物，确保洪水畅通。渠道与河沟相交，若河沟中洪水流量较小，且渠底高程高于河沟中最高洪水位时，可在河沟中修建填方渠道，用以输送渠水，其下埋设排洪涵洞，用以排除河沟中的洪水；若渠道的设计水面线低于河底的最大冲刷线，可在河沟底部修建输水涵洞，以输送渠水，而河沟中的洪水仍从原河沟排走。

5. 力求经济，确保安全

干渠布置应力求经济，确保安全。渠线宜短直，尽量少转弯，需要转弯时，土渠的弯道曲率半径应大于该弯道段水面宽度的5倍，受条件限制不能满足要求时，应采取防护措施，石渠或刚性衬砌渠道的弯道曲率半径可适当减小，但不应小于水面宽度的2.5倍。尽量避免自同一枢纽或分水口引出平行且距离很近的渠道；尽可能使渠道半挖半填或挖填方接近平衡，盘山渠道应布置在地基坚固、不易崩坍的地段；不要布置在坡度过陡、土质疏松、岩层破碎的山坡上，而且应使水面线以下为挖方；尽量避免和岗丘、洼地、山溪、河沟、道路、村庄等相交，力求建筑物最少等。

（二）干、支渠规划布置方式

干、支渠的布置形式主要取决于地形条件，一般可分为山丘区和平原区两种类型。

1. 山丘型灌区

丘陵山区地形复杂，地面起伏大，坡度陡，农田分散，河、溪、沟、谷、岗、冲纵横交错，农田分散，土壤贫瘠，地高水低，引水困难，河流源短流急，洪枯水量变化大。这类地区主要是水源不足或分配不均，干旱问题较为突出。因此，充分利用各种水源，建立以蓄为主，蓄引提结合，以小型为基础，大型为骨干，大中小联合运用的“长藤结瓜”式灌溉系统，是这类地区一种较为合理的灌溉系统。山丘型灌区的骨干渠道多环山布置，一般位置较高，渠线较长，渠道弯曲，深挖方和高填方多，渠系上建筑物多，工程量大。干渠土石方常占全灌区渠道工程量的60%以上。暴雨季节，山洪入侵渠道，易发生坍塌决口，威胁附近的农田和村庄的安全。山丘区塘坝和小型水库较多，有利于拦蓄洪水及当地径流。因此，山丘型灌区渠系规划布置时应充分利用有利的地形条件，恰当地选择渠线，合理地穿越障碍，并需做好渠道防洪，力求经济合理和工程安全。

山丘区干、支渠的布置，主要有以下两种形式。

(1) 干渠沿等高线布置。灌区多位于分水岭与山溪或河流之间，呈狭长形，等高线大致与河流平行，向一面倾斜，灌区上游地形较陡，地面狭窄，下游地势平坦，地面开阔，多呈扇形。干渠沿灌区的上部边缘布置，大致与地面等高线平行，支渠从干渠一侧引出，如图 4-2 中的南干渠。

这种布置形式的特点是：干渠渠线长，渠底比较平缓，水头损失小，控制面积大，结合开挖山坡截水沟修筑渠堤，拦截坡面径流，防止水土流失。但在山坡上干渠不能布置得过高，以免跨越山沟多，交叉建筑物多，土石方量大，易受山洪威胁。

（2）干渠垂直于等高线布置。灌区地形中间高两侧低，呈脊背形，耕地位于分水岭两侧。干渠沿岗脊线布置，大致与等高线垂直，支渠自干渠两侧分出，双向控制灌溉，如图 4-2 中的北干渠。

这种布置形式的特点是：干渠沿岗脊线布置，渠底比降可能较大，渠水流速快，渠道断面小，土石方量少，与河沟交叉少，建筑物少，但因渠道比降大，水头降落快，控制面积小，渠道易被冲刷，衔接建筑物较多。

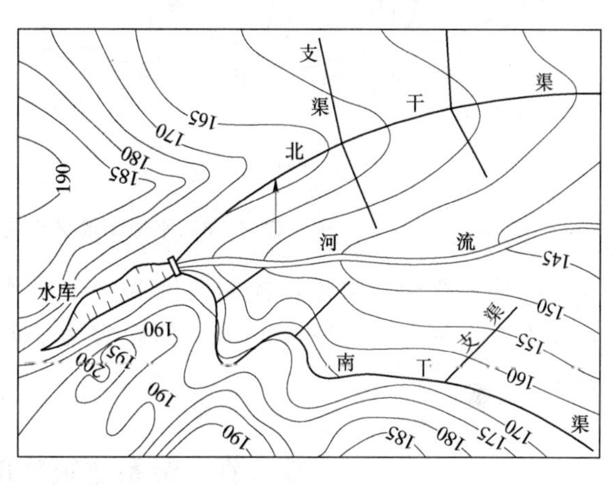

图 4-2 山丘灌区干、支渠布置示意图

2. 平原型灌区

平原型灌区大多位于河流的中、下游，地形比较平坦开阔，耕地集中。由于灌区内自然条件和洪、涝、旱、渍、碱等灾害程度的不同，灌溉渠系的布置形式也有所不同。

（1）山前平原灌区。此类灌区一般靠近山麓，地势较高，排水条件较好，涝、渍威胁并不严重，干旱问题比较突出。如果地表水资源比较丰富、水质良好，而地下水资源相对较少时，应着重利用地表水资源，发展渠灌；如果地下水资源丰富、水质良好时，可实行井渠结合，以井补渠或井渠双灌。这类灌区干渠多沿山麓布置，方向大致与等高线平行，支渠与干渠垂直或斜交，具体布置形式视地形情况而定，如图 4-3（*a*）所示。这类灌区地形基本呈一面坡，在上部与山麓相接处有坡面径流汇入，需要考虑撇洪沟排洪；在下部与河流相接处地下水位较高，需要考虑建立排水系统以控制地下水位，防止涝、渍灾害发生。

（2）冲积平原灌区。此类灌区一般位于河流中、下游，地面坡度较小，地下水位较高，涝、渍、碱威胁并存。因此，在建立灌溉系统的同时，应考虑排水系统的布置，实行灌、排分开，各成体系。干渠多沿河流岸旁高地布置，方向大致与河流平行，与等高线垂直或斜交，支渠与其成直角或锐角布置，如图 4-3（*b*）所示。

四、斗、农渠规划布置

斗、农渠的主要任务是向各用水单位分配水量，较之干、支渠数量多、分布广，且又要深入田间。因此，斗、农渠的规则更要结合实际，因地制宜，合理布置。

斗、农渠的规划是在干支渠规划布置的基础上进行的。斗渠宜垂直支渠布置，斗渠的长度和控制面积随地形变化而变化。山丘区的斗渠长度较短，控制面积较小；平原地区的斗渠较长，控制面积较大。平原地区斗、农渠宜相互垂直。斗渠长度宜为 1000～3000m，间距宜为 400～800m。

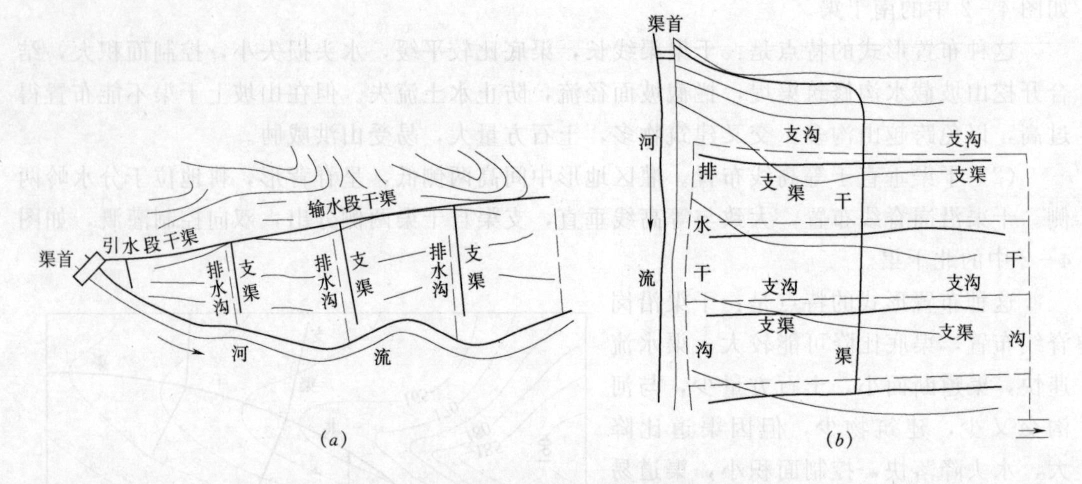

图 4-3 平原型灌区干支渠布置示意图

农渠是末级固定渠道，控制范围为一个耕作单元。农渠长度应根据机耕等要求确定，在平原地区宜为400～800m，间距宜为100～200m；山丘区农渠的长度和控制面积较小。

第二节 渠系建筑物的选型与布置

灌溉渠系上的一系列水工建筑物称为渠系建筑物。它们是灌溉系统必不可少的重要组成部分，没有或缺少渠系建筑物，就不能按需要控制水流和合理分配水量，而且可能影响有效灌溉面积和工程效益。所以，必须做好渠系建筑物的选型与布置。

一、渠系建筑物选型与布置原则

(1) 尽量采用定型设计和装配式建筑物。渠系建筑物的规模一般不大，但数量多、分布广，同一类型的建筑物工作条件比较接近。因此，应尽可能采用符合当地特点的定型设计和装配式结构，集中生产，预制拼装，力求设计标准化、品种系列化、制造工厂化，以便简化设计，加快施工进度，减少材料损失，节省用工，降低工程造价，保证工程质量。

(2) 尽量利用当地材料修建。就地取材能有效降低建筑物造价，加快配套步伐。如石料丰富的地区应多选用砌石结构，平原地区尽量采用用料少的拱型、薄壳型结构。

(3) 渠系建筑物的位置应根据渠系平面布置图、渠道纵横断面以及当地的具体情况合理布局，使建筑物的位置和数量恰当，水流条件好，工程效益最大。

(4) 渠系建筑物应满足渠道输水、配水、量水、泄水和防洪等要求，保证渠道正常运行，最大限度地满足作物需水要求。

(5) 渠系建筑物尽可能集中布置，联合修建，形成枢纽，降低造价，便于管理。

(6) 布置渠系建筑物时应使水流流态稳定，水头损失小。

二、渠系建筑物的类型和布置

渠系建筑物按其用途可分为控制建筑物、交叉建筑物、衔接建筑物、泄水建筑物、量水建筑物、输水建筑物、防冲防淤建筑物等。

（一）控制建筑物

控制建筑物包括进水闸、分水闸、节制闸等，如图 4－4 所示。其主要作用是控制各级渠道的水位和流量，以满足渠道输水、配水和灌水要求。

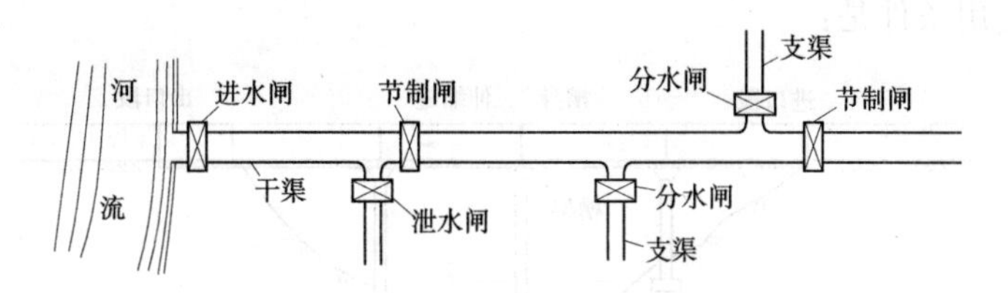

图 4－4　控制建筑物位置示意图

1. 进水闸

进水闸是从灌溉水源引水的控制建筑物，起着控制全灌区引水流量的作用，是取水枢纽的主要组成部分。进水闸有开敞式和封闭式两种，采用无坝取水时多选用开敞式水闸；采用有坝取水或水库取水时，多为封闭式涵闸。

2. 分水闸

分水闸是上级渠道向下级渠道分配水量的控制性建筑物，其位置一般设在干渠以下各级渠道的引水口处，斗、农级渠道的分水闸习惯上称为斗、农门。分水闸的分水角宜取60°～90°，双股分水闸的分水角宜对称相等。分水闸的闸底高程宜与上级渠道的渠底齐平或稍高于上级渠底，闸室结构可采用开敞式或封闭式。图 4－5 为开敞式分水闸。

3. 节制闸

节制闸是控制本级渠道某渠段水位和流量的控制建筑物，如图 4－5 所示。节制闸的主要作用是抬高上游渠道水位，便于下级渠道引水；控制上、下游水量，以便实行轮灌；截断渠道水流，保护下游主要建筑物或渠段的安全。节制闸的闸室结构宜采用开敞式，布置时一般要考虑以下几种情况：

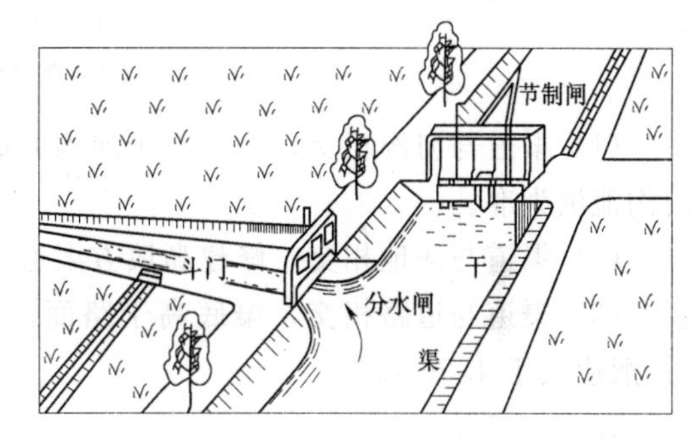

图 4－5　分水闸、斗门和节制闸

（1）当上级渠道供水不足时，水位将降低，以致满足不了下级渠道引水要求，可在该分水口偏下游的地方建节制闸，以控制水流，抬高水位。这种情况下可考虑一座节制闸同时控制几个分水口，以满足其上游几个分水口对水位的要求。

（2）当下级渠道实行轮灌时，需在上、下游轮灌分组处设节制闸。在上游渠道轮灌期间，用节制闸截断水流，把全部水量分配给上游轮灌组中的下级各条渠道。

（3）为了保护渠道上的重要建筑物或险工险段，常在该渠段的上游建节制闸。为排泄降雨期间汇入上游渠段的径流，或当上游渠段出现险情时需排除渠道中的余水，通常在节制闸的上游设置泄水闸，把渠道中的多余水量由泄水闸排向天然河道或排水沟。因此，节制闸常和泄水闸联合修建。

（二）交叉建筑物

渠道跨越河溪、渠沟、洼地、道路时，需要修建交叉建筑物。常见的交叉建筑物有渡槽、倒虹吸、涵洞等。

1. 渡槽

渡槽也称过水桥，是用明槽代替渠道将渠水平顺渡过障碍的一种交叉建筑物，如图 4-6 所示。其适用条件是：

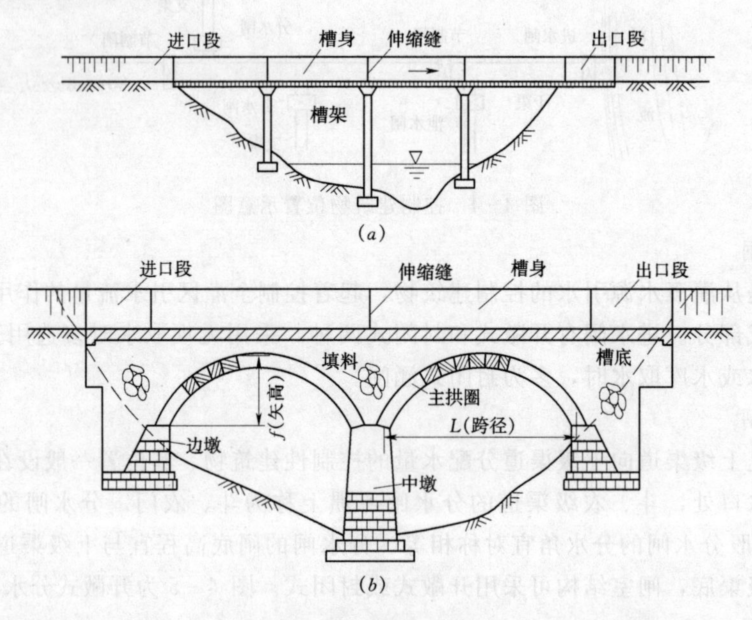

图 4-6 输水渡槽

(a) 梁式渡槽；(b) 拱式渡槽

(1) 渠道与河沟相交，渠底高于河沟的最高洪水位，并有一定的净空高度，以不影响河沟泄洪为准。

(2) 渠道与洼地相交，修建高填方渠道工程量大或占地太多。

(3) 渠道与道路相交，渠底高于路面，而且高差大于车辆行驶要求的安全净空高度(一般应大于 4.5m)。

2. 倒虹吸

倒虹吸是用敷设在地面或地下的压力管道输送渠水穿过河流、洼地、道路等障碍的一种交叉建筑物，如图 4-7 所示。其适用条件是：

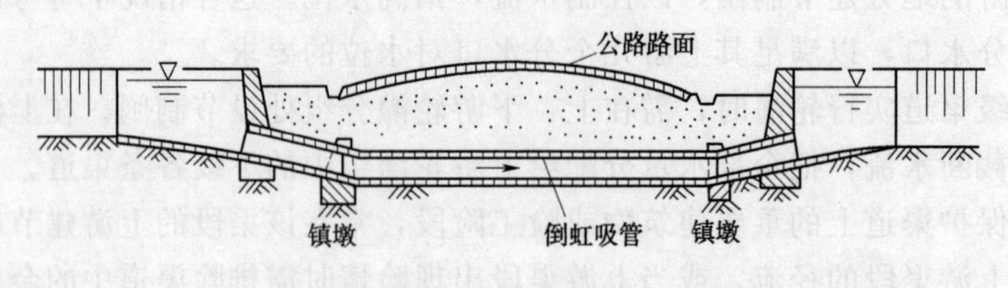

图 4-7 倒虹吸

(1) 渠道与道路相交，渠水面高于路面，其高差不能满足行车净空要求。

(2) 渠道与河沟相交，渠底低于河沟洪水位，修建渡槽影响河沟泄洪。

(3) 渠道与河沟相交，河沟有通航要求，建渡槽影响通航。

(4) 渠道与河沟相交，河沟宽深，地质条件差，修建渡槽下部结构复杂，施工难度大。

(5) 渠道与洼地相交，洼地有大片农田，不宜作填方，修渡槽造价又太高，可考虑修建倒虹吸。

3. 涵洞

涵洞是渠道穿越障碍时常用的一种交叉建筑物，如图4-8所示。其适用条件是：

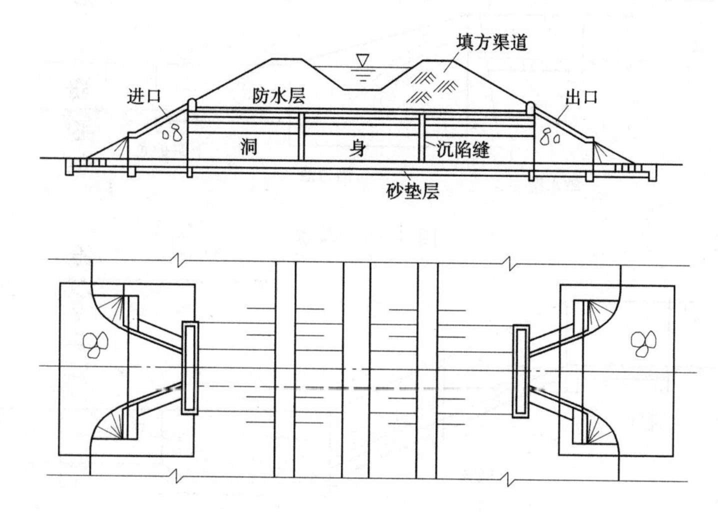

图4-8 填方渠道下的涵洞

(1) 渠道与道路相交，渠水面低于路面，渠道流量又较小时修建。

(2) 渠道与河沟相交，河沟洪水位低于渠底且流量不大时，可在填方渠道下修建涵洞以泄洪。

(3) 挖方渠道通过土质极不稳定的地段，也可修建涵洞代替明渠。

(三) 衔接建筑物

当渠道通过地势陡峻或地面坡度较大的地段时，为了保持渠道的设计比降，防止渠道冲刷，避免深挖高填，减少渠道工程量，在保证自流灌溉控制水位的前提下，可将渠道分成上、下两段，中间用衔接建筑物连接，以合理地过渡渠水水面。常见的衔接建筑物主要有跌水和陡坡。

1. 跌水

跌水是使渠道水流呈自由抛射状下泄的一种衔接建筑物，常用于跌差不大（一般在3m以内）的陡坎处，如图4-9所示。它由进水段、跌水壁、消力池、出水段四部分组成。为了保证输水安全，应将跌水建在挖方地基上。

2. 陡坡

陡坡是利用倾斜渠槽将上、下游渠道连接起来的衔接建筑物。倾斜渠槽的比降一般陡于临界坡度，故称陡坡，如图4-10所示。陡坡由进水段、陡坡段、消力池、出口段四部分组成。陡坡的落差和比降应根据实际地形、地质等条件确定。在实际工程中，陡坡被广泛地采用，其选用的条件是：

(1) 跌差较大，坡面较长且比较均匀时多用陡坡。

（2）陡坡段是岩石，做跌水开挖难度较大。

（3）陡坡地段土质较差，修建跌水基础处理工程量较大。

（4）从盘山渠道上直接引出的垂直等高线的支、斗渠，其上游段没有灌溉任务时，可在支、斗渠口结合分水闸修建陡坡。

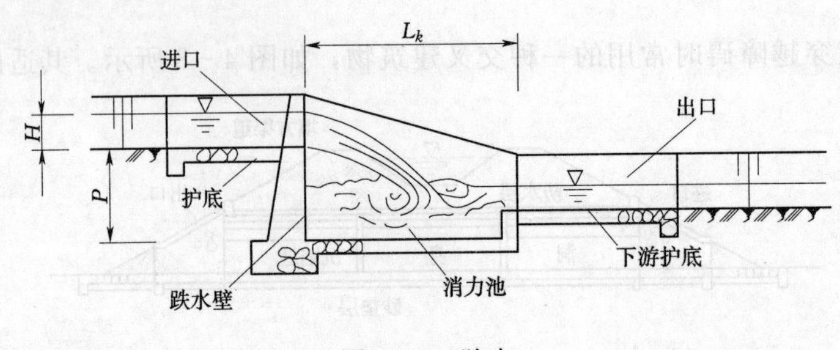

图 4-9　跌水

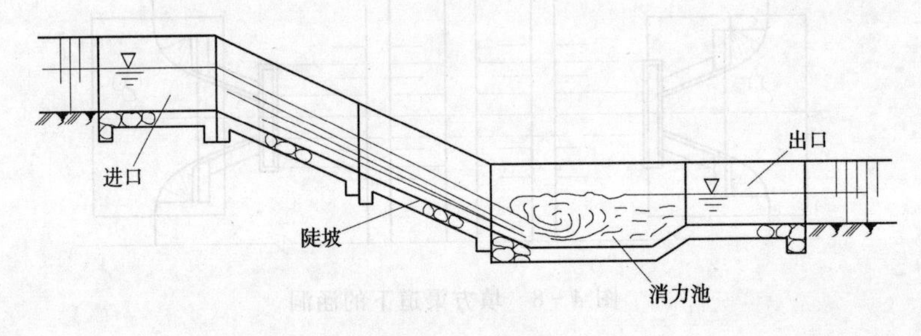

图 4-10　陡坡

一般来说，跌水的消能效果好，有利于保护下游渠段的安全；而陡坡的开挖工程量较小，比较经济。具体选用时应根据跌差、地形、地质等条件，通过分析比较后确定。此外，以上所述均为单级跌水或陡坡。当跌差大于5m采用单级跌水或陡坡不经济时，可采用多级跌水或多级陡坡。多级跌水可按水面落差相等或台阶跌差相等的原则分级，每级高度宜小于5m。

（四）泄水建筑物

灌溉渠道在运用中，往往由于种种原因，引起渠道水位上升，超过渠道最高水位，危及渠道安全。为保证渠道安全，防止漫溢决堤，需在渠道上的适当位置修建泄水建筑物。常见的泄水建筑物有泄水闸、溢流堰、退水闸等。其主要作用是：排除渠中余水、坡面径流入渠的洪水、渠道和建筑物发生事故时的渠水。

1. 泄水闸

泄水闸多设在重要建筑物和大填方渠段的上游以及大量山洪入渠处的下游，以保证渠道和建筑物的安全。

泄水闸常与节制闸联合修建，配合使用。其底高程一般应低于渠底高程或与之齐平，以便泄空渠水；闸的中心线与渠道中心线的夹角宜为60°～90°；闸室结构可采用开敞式或封闭式，根据具体情况确定。

2. 溢洪侧堰

溢洪侧堰（或称旁侧溢流堰）一般应设在大量山洪汇入的渠段末端附近，堰顶高程宜与渠道加大流量的相应水位齐平，当洪水入渠超过堰顶高程时就自动溢流泄水，以保证渠道安全。

3. 退水闸

退水闸一般设在干、支渠道或重要斗渠的末端，以排除渠道中的灌溉余水，腾空渠道，方便维修，并可用于事故泄水。

泄水建筑物布置应结合排水系统统一考虑，以便就近排入排水沟或天然河道中。

（五）输水建筑物

当渠道遇到山岭，采取绕行或明挖工程量太大不经济时，可修建输水建筑物——隧洞，以穿过山岭。隧洞和涵洞的主要区别在于施工方法不同，隧洞是在山体中直接开凿衬砌而成；涵洞则是先明挖，后砌筑，再回填。在灌溉工程中，多采用无压输水隧洞，且洞底纵坡宜平缓，水流流速宜低。

（六）量水建筑物

为了测定渠道流量，达到计划用水、科学用水、节约用水的目的，需要利用渠系上的建筑物进行量水，如水闸、渡槽、涵洞、跌水、陡坡等均可用于量水。也可以利用特设的量水设备，如三角形量水堰、梯形量水堰、巴歇尔量水槽、无喉道量水槽、量水喷嘴等。

在万亩以上灌区的干、支渠上，可利用直线段进行量水，并设立测流断面和相应的测流设施，利用流速仪等进行测流。小型渠道可根据流量、比降、水流含沙量等不同情况选用特设的量水设备，选用时应本着结构简单、造价低廉、观测方便、量测精确等原则加以确定。

除以上介绍的各种渠系建筑物外，还有为防止水流所挟带的泥沙淤积渠道而修建的沉沙池、冲沙闸等防淤建筑物；为防止江、河、湖、海水倒灌而修建的防洪闸、挡潮闸等挡水建筑物；利用渠道上集中落差所修建的水力加工站和小水电站等，此处不再详细阐述，请参阅有关书籍。

第三节　渠道流量计算

渠道流量是设计渠道和渠系建筑物的主要依据。设计渠道时，需要用到设计流量、加大流量和最小流量，分别作为设计和校核之用。

一、渠道设计流量

渠道设计流量是指在设计典型年内灌水期间渠道需要通过的最大流量，或者说渠道在正常工作条件下需要通过的流量，因而又叫正常流量，常用 $Q_{设}$ 或 $Q_{正常}$ 表示。它是设计渠道断面和渠系建筑物的主要依据。影响渠道设计流量的因素有渠道控制的灌溉面积，作物种植比例和灌溉制度，渠道的配水方式以及渠道的输水损失等。

渠道在输水过程中由于渗漏和水面蒸发等原因会损失一部分流量，这一流量称为损失流量，常用 $Q_{损}$ 表示。未计入渠道输水损失的流量称为渠道净流量，常用 $Q_{净}$ 表示。渠道的净流量与损失流量之和称为渠道的毛流量，常用 $Q_{毛}$ 表示。对于某一渠段来说，净流量是指该渠段末端的流量，毛流量是指该渠段首端的流量；对于某一渠道来说，净流量是指从该条渠道引水的所有下级渠道分水口的流量总和，毛流量是指该渠道引水口处的流量。

进行渠道设计时，设计流量（$Q_{设}$）必须以包括输水损失在内的毛流量（$Q_{毛}$）为依据，即

$$Q_{设}=Q_{毛}=Q_{净}+Q_{损} \tag{4-1}$$

（一）渠道输水损失计算

渠道在输水过程中要损失一部分水量，称为渠道的输水损失。在进行渠道流量计算时，必须计入输水损失。渠道输水损失包括水面蒸发损失、漏水损失和渗水损失三部分。水面蒸发损失一般不足渗漏损失水量的5%，所以常忽略不计；漏水损失是由于地质条件不良、施工质量较差、管理维修不善等因素在渠道和渠系建筑物周边形成的漏洞、裂隙等损失掉的水量，一般约占输水损失的15%左右，可以通过提高施工质量、加强管理养护等措施避免漏水损失；渗水损失则是渠道输水损失的主要部分，约占输水损失的80%以上。所以，渠道的输水损失计算主要是分析渗水损失，并把它近似地作为渠道总的输水损失。

1. 用经验公式估算

（1）自由渗流情况下的土质渠道渗水损失估算。当灌区的地下水位埋藏较深或具有良好的地下水出流条件时，渠道的渗流不受地下水的顶托，称自由渗流，一般可用下列经验公式估算：

$$\sigma=\frac{A}{Q_{净}^{m}} \tag{4-2}$$

式中　σ——渠道每公里长度输水损失流量占净流量的百分数，%/km；

A——土壤透水性系数，可查表4-1；

m——土壤透水性指数，可查表4-1。

表4-1　土壤透水性参数

渠床土质	透水性	A	m
粘　土	弱	0.70	0.30
重壤土	中弱	1.30	0.35
中壤土	中	1.90	0.40
轻壤土	中强	2.65	0.45
砂壤土	强	3.40	0.50

土壤透水性参数A、m应根据实测资料求得，如缺乏实测资料时，则可采用表4-1所列数值进行计算。

确定出σ值后，即可按下式计算渠道渗水损失流量：

$$Q_{损}=\frac{\sigma}{100}Q_{净}L \tag{4-3}$$

或

$$Q_{损}=\frac{S}{1000}L \tag{4-4}$$

式中　$Q_{损}$——渠道的渗水损失流量，m^3/s；

$Q_{净}$——渠道的净流量，m^3/s；

L——渠道工作长度，km；

S——渠道单位长度渗水损失流量，L/（s·km），$S=10\sigma Q_{净}$。

当渠道净流量$Q_{净}\leqslant 30m^3/s$时，单位长度渗水损失流量S值已制成表格，可供计算时查用，见表4-2。

表 4-2　　　　　　　　　　**渠道渗水损失流量表**　　　　　　　　　　单位：L/s·km

渠道净流量 (m^3/s)	每公里渠长的渗水损失流量				
	弱透水性	中弱透水性	中等透水性	中强透水性	强透水性
0.05～0.100	1.14	2.41	4.02	6.37	9.31
0.101～0.120	1.49	3.10	5.05	7.87	11.30
0.121～0.140	1.68	3.45	5.59	8.62	12.30
0.141～0.170	1.90	3.87	6.21	9.50	13.40
0.171～0.200	2.15	4.34	6.00	10.50	14.00
0.201～0.230	2.39	4.79	7.55	11.4	15.8
0.231～0.260	2.62	5.21	8.17	12.2	16.8
0.261～0.300	2.87	5.68	8.85	13.2	18.0
0.301～0.350	3.19	6.26	9.68	14.3	19.4
0.351～0.400	3.52	6.87	10.50	15.5	20.8
0.401～0.450	3.85	7.45	11.30	16.60	22.20
0.451～0.500	4.16	8.01	12.20	17.60	23.40
0.501～0.600	4.60	8.81	13.30	19.10	25.20
0.601～0.700	5.18	9.83	14.70	20.90	27.40
0.701～0.850	5.86	11.00	16.30	23.00	30.00
0.851～1.000	6.63	12.40	18.10	25.40	32.70
1.001～1.250	7.60	14.00	20.40	28.30	36.10
1.251～1.500	8.75	15.60	23.00	31.60	40.00
1.501～1.750	9.83	17.80	25.40	34.60	43.40
1.751～2.000	10.90	19.60	27.70	37.40	46.60
2.01～2.50	12.40	22.00	30.90	41.40	51.00
2.51～3.00	14.20	25.10	34.90	46.20	56.40
3.01～3.50	16.00	28.00	38.50	50.70	61.30
3.51～4.00	17.70	30.70	42.00	54.80	65.80
4.01～5.00	20.10	34.60	46.80	60.60	72.10
5.01～6.00	23.10	39.40	52.80	67.70	80.00
6.01～7.00	26.00	43.90	58.40	74.20	87.00
7.01～8.00	28.70	48.20	63.60	80.20	93.00
8.01～9.00	31.30	52.20	68.60	86.00	99.00
9.01～10.00	33.80	56.20	73.30	91.40	105.00
10.10～12.00	37.50	61.80	80.10	99.10	112.00
12.10～14.00	42.20	68.90	88.50	109.00	122.00
14.10～17.00	47.70	77.20	98.40	120.00	134.00
17.10～20.00	54.00	86.60	109.00	132.00	146.00
20.001～23.000	60.00	94.00	120.00	144.00	153.00
23.001～26.000	66.00	102.00	130.00	152.00	168.00
26.001～30.000	72.00	110.00	139.00	162.00	180.00

(2) 顶托情况下的土质渠道渗水损失估算。当地下水位埋藏较浅，渠道渗水受到沿渠地下水的顶托时，渗水损失将会减小，通常按下式估算每公里长渠道的渗水损失流量：

$$S_{顶}=\varepsilon' S \quad (4-5)$$

式中　$S_{顶}$——受地下水顶托情况下每公里渠长渗水损失流量，L/(s·km)；

S——自由渗流情况下每公里渠长渗水损失流量，L/(s·km)；

ε'——受地下水顶托时输水损失修正系数，可从表 4-3 中查得。

表 4-3 土质渠道渗水损失修正系数 ε'

渠道净流量 (m^3/s)	地下水埋深 (m)							
	<3	3	5	7.5	10	15	20	29
1	0.63	0.79						
3	0.50	0.63	0.88					
10	0.41	0.50	0.66	0.79	0.91			
20	0.36	0.45	0.57	0.71	0.82			
30	0.35	0.42	0.54	0.66	0.77	0.94		
50	0.32	0.37	0.49	0.60	0.69	0.84	0.97	
100	0.28	0.33	0.42	0.52	0.58	0.73	0.84	0.94

(3) 衬砌渠道的输水损失估算。当渠道采取防渗措施时，其输水损失将随不同的防渗措施有不同程度的减少，此时可用下式估算输水损失流量：

$$S_0=\varepsilon_0 S \tag{4-6}$$

式中 S_0——衬砌渠道每公里渠长输水损失流量，L/ (s·km)；

S——自由渗流情况下每公里渠长输水损失流量，L/ (s·km)；

ε_0——衬砌渠道渗水损失修正系数，可从表 4-4 中查得。

2. 用经验系数估算渠道损失水量

水的利用系数是衡量灌区工程质量好坏、管理水平和灌水技术水平高低的一个综合性指标。可以通过总结已建成灌区的实测资料，经过分析计算得出其经验数值，以便选用。常用水的利用系数有以下 4 种：

(1) 田间水利用系数。是指灌入田间可被作物利用的水量（称田间净流量）与末级固定渠道（农渠）净流量的比值，用符号 $\eta_{田}$ 表示。

$$\eta_{田}=\frac{Q_{田净}}{Q_{农净}} \tag{4-7}$$

表 4-4 衬砌渠道渗水损失修正系数

防渗措施	修正系数
渠槽翻松夯实（厚度大于 0.5m）	0.30～0.20
渠槽原土夯实（影响深度不小于 0.4m）	0.70～0.50
灰土夯实（或三合土夯实）	0.15～0.10
混凝土护面	0.15～0.05
粘土护面	0.40～0.20
浆砌石护面	0.20～0.10
沥青材料护面	0.10～0.05
塑料薄膜	0.10～0.05

(2) 渠道水利用系数。是指渠道净流量与毛流量的比值，用符号 $\eta_{渠道}$ 表示。

$$\eta_{渠道}=\frac{Q_{净}}{Q_{毛}} \tag{4-8}$$

(3) 渠系水利用系数。是指某渠道系统中所有末级固定渠道放入田间的净流量与该渠道系统中最上一级渠道引水口处的毛流量的比值，用符号 $\eta_{渠系}$ 表示。其值等于该渠道系统中各级固定渠道水利用系数的乘积，即

$$\eta_{渠系}=\frac{\sum Q_{农净}}{Q_{首}}=\eta_{干}\ \eta_{支}\ \eta_{斗}\ \eta_{农} \tag{4-9}$$

其中 $\eta_{干}$、$\eta_{支}$、$\eta_{斗}$、$\eta_{农}$ 仅为灌区内各级代表性渠道水利用系数，可取该级若干条有

代表性渠道的渠道水利用系数的平均值，代表性渠道应根据过水流量、渠长、土质及地下水埋深等条件分类选出。

（4）灌溉水利用系数。是指灌入田间可被作物利用的水量（田间净流量）与干渠渠首引水流量的比值，用 $\eta_{水}$ 表示。

$$\eta_{水}=\frac{Q_{干田净}}{Q_{首}}=\eta_{渠系}\ \eta_{田} \tag{4-10}$$

以上这些经验系数与灌区大小、渠床土质、防渗措施、渠道长度、田间工程状况、灌水技术水平以及管理水平等因素有关。在灌区规划设计时，要分析选择适用于本灌区的具体数值，借此估算出渠道的损失流量。

GB 50288—99《灌溉与排水工程设计规范》规定，灌区的渠系水利用系数一般不应低于表 4-5 所列数值。旱作地区田间水利用系数设计值不应低于 0.90；水稻灌区田间水利用系数设计值不应低于 0.95。

表 4-5　渠系水利用系数

灌区面积（万亩）	>30	30～1	<1
渠系水利用系数	0.55	0.65	0.75

注　1 亩=0.0667hm²。

（二）渠道的配水方式

渠道的配水方式不同，其设计流量的计算方法不同，所以在介绍设计流量计算方法之前，需先介绍渠道的配水方式。渠道的配水方式是指渠道在管理运行中实行连续或轮流供水的工作方式，也称渠道的工作制度，一般分续灌和轮灌两种方式。

1. 续灌

在一次灌水延续时间内，上级渠道同时向下级渠道连续输水的工作方式称为续灌。续灌方式具有灌水时间长、渠道流量小、断面小、工程量小、输水损失较大等特点。一般情况下，干、支渠多采用续灌方式。

2. 轮灌

灌溉时上一级渠道对预先划分好的下一级轮灌渠道进行轮流供水的配水方式叫做轮灌。轮灌方式具有渠道流量集中、同时工作的渠道长度短、输水时间短、输水损失小、工程量较大等特点。一般情况下，斗、农渠多采用轮灌方式。根据不同的要求，轮灌组的划分方法也不同，常见的有集中分组和插花分组两种，如图 4-11 所示。考虑到作物一次灌水的时间、农业生产条件和群众用水习惯等因素，轮灌组数目不宜过多，一般以 2～3 组为宜，并应使各轮灌组灌溉面积相近，以利配水。

（三）渠道设计流量的计算

1. 轮灌渠道设计流量的计算

由于轮灌渠道不是在整个灌水延续时间内连续输水，而是将上一级续灌渠道（如支渠）的流量分组轮流使用，所以轮灌渠道的设计流量不是由它本身灌溉面积的大小决定的，而是取决于上一级续灌渠道供水流量大小和轮灌组内的渠道数目的多少。

轮灌渠道设计流量的计算应采用自上而下逐级分配田间净流量，再自下而上逐级加损失流量求毛流量的方法进行，此法称递推法。现以干、支渠续灌，斗、农渠轮灌，斗渠各轮灌组内有 n 条斗渠，农渠各轮灌组内有 k 条农渠，且各条农渠的灌溉面积基本相等的

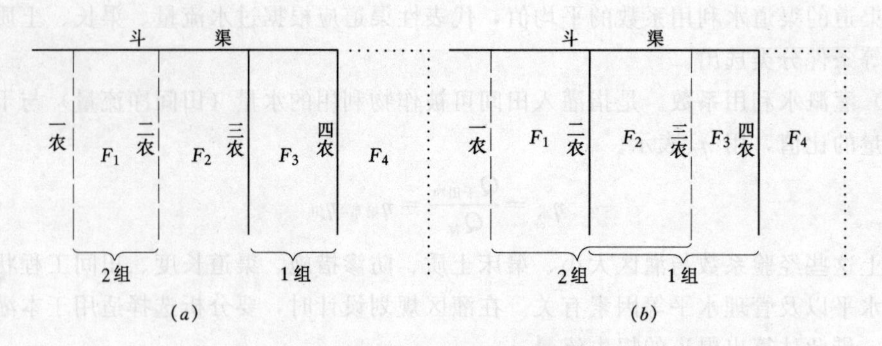

图 4-11 轮灌组划分示意图

（a）分组集中轮灌；（b）分组插花轮灌

情况，说明轮灌渠道设计流量的计算方法。

（1）自上而下分配上一级续灌渠道的田间净流量

以图 4-12 为例，支渠为续灌渠道，斗、农渠的轮灌组划分方式为集中分组，同时工作的斗渠有两条（$n=2$），每条斗渠上同时工作的农渠有两条（$k=2$）。

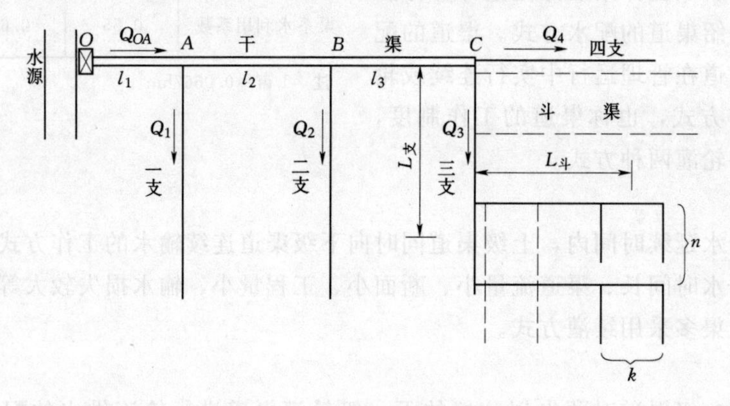

图 4-12 渠道轮灌示意图

①计算支渠田间净流量 $Q_{支田净}$

$$Q_{支田净}=A_{支}\ q_{设} \tag{4-11}$$

式中 $A_{支}$——支渠控制灌溉面积，100hm^2；

$q_{设}$——灌区设计灌水模数，[$\text{m}^3/(\text{s}\cdot100\text{hm}^2)$]。

②计算斗渠田间净流量 $Q_{斗田净}$

$$Q_{斗田净}=\frac{Q_{支田净}}{n} \tag{4-12}$$

式中 n——轮灌组内的斗渠数目。

③计算农渠田间净流量 $Q_{农田净}$

$$Q_{农田净}=\frac{Q_{斗田净}}{k}=\frac{Q_{支田净}}{nk} \tag{4-13}$$

式中 k——农渠轮灌组内的农渠数目。

（2）自下而上推算渠道设计流量

①计算农渠的净流量$Q_{农净}$

$$Q_{农净}=\frac{Q_{农田净}}{\eta_{田}} \tag{4-14}$$

②计算农渠的设计流量$Q_{农设}$

$$Q_{农设}=Q_{农净}+\frac{\sigma_{农}\ Q_{农净}}{100}L_{农}=Q_{农净}\left(1+\frac{\sigma_{农}}{100}L_{农}\right) \tag{4-15}$$

或

$$Q_{农设}=Q_{农净}+\frac{S_{农}\ L_{农}}{1000} \tag{4-16}$$

式中　$S_{农}$——每公里长农渠的损失流量，L/（s·km）；

$L_{农}$——农渠的平均工作长度，km，一般取农渠实际长度的一半；

$\sigma_{农}$——每公里长农渠的损失流量占净流量的百分数，%/km。

③计算斗渠的设计流量

$$Q_{斗设}=kQ_{农设}+\frac{S_{斗}\ L_{斗}}{1000} \tag{4-17}$$

式中　$S_{斗}$——每公里长斗渠的损失流量，L/（s·km）；

$L_{斗}$——斗渠的平均工作长度，km，一般取农渠最远一个轮灌组的中点到斗渠引水口的距离。

④计算支渠的设计流量

$$Q_{支设}=nQ_{斗设}+\frac{S_{支}\ L_{支}}{1000} \tag{4-18}$$

式中　$S_{支}$——每公里长支渠的损失流量，L/（s·km）；

$L_{支}$——支渠的平均工作长度，km，一般取斗渠最远一个轮灌组的中点到支渠分水口的距离。

（3）推求支渠灌溉水利用系数

根据支渠设计流量和支渠田间净流量，求支渠范围内灌溉水利用系数$\eta_{支水}$：

$$\eta_{支水}=\frac{Q_{支田净}}{Q_{支设}} \tag{4-19}$$

如果灌区内支、斗、农渠的数量很多，用上述方法逐条推求设计流量十分繁杂。为减少计算工作量，可综合考虑渠道长度、灌溉面积、沿渠土质和配水方式等因素，选择一条典型支渠，用上述方法推求典型支渠的$Q_{支田净}$和$Q_{支设}$，进而计算出典型支渠的灌溉水利用系数，然后以此作为扩大指标，即可按式（4－19）计算其他各条支渠的设计流量。

2. 续灌渠道设计流量推算

干、支渠一般为续灌渠道，其特点是渠道流量较大，上、下游流量相差悬殊，这就要求分段推求设计流量。续灌渠道设计流量的推求方法是自下而上逐段进行，按下式计算：

$$Q_{段设}=Q_{段净}+Q_{段损} \tag{4-20}$$

现以图4－12为例，说明续灌渠道（如干渠）设计流量的具体推算方法。图中各支渠的设计流量为Q_1、Q_2、Q_3、Q_4，支渠取水口把干渠分为三段，各段长度分别为L_1、L_2、L_3，各段的设计流量分别为Q_{OA}、Q_{AB}、Q_{BC}，计算公式如下：

$$Q_{BC}=(Q_3+Q_4)+\frac{S_3L_3}{1000} \quad (4-21)$$

$$Q_{AB}=(Q_{BC}+Q_2)+\frac{S_2L_2}{1000} \quad (4-22)$$

$$Q_{OA}=(Q_{AB}+Q_1)+\frac{S_1L_1}{1000} \quad (4-23)$$

式中　S_1、S_2、S_3——OA、AB、BC 段每公里长输水损失流量，L/（s·km）。

3. 简化计算

对于小型灌区，常缺乏资料，一般通过调查分析相似灌区典型年（干旱年或中等干旱年）用水高峰期主要作物的一次最大灌水定额和相应的灌水延续时间，或设计灌水模数的经验值等，然后用下述方法直接计算渠道的设计流量。

（1）灌水定额法

①续灌渠道流量计算

$$Q_{设}=\frac{amA}{3600Tt\eta} \quad (4-24)$$

式中　a——主要作物的种植比，%；

m——主要作物用水高峰期的最大灌水定额，m^3/hm^2；

A——渠道的控制灌溉面积，hm^2；

T——灌水延续天数，d；

t——每天灌水小时数，一般自流灌区取 24h，提水灌区取 20～22h；

η——灌溉水利用系数。

②轮灌渠道流量计算

$$Q_{设}=\frac{amA}{3600Tt\eta}N \quad (4-25)$$

式中　N——同级渠道的轮灌组数；

其余符号意义同前。

（2）灌水模数法

$$Q_{设}=\frac{Aq}{\eta} \quad (4-26)$$

式中　q——相似灌区的设计灌水模数，$m^3/(s\cdot 100hm^2)$；

其余符号意义同前。

（3）流量模数法

$$Q_{设}=\frac{A}{M} \quad (4-27)$$

式中　M——流量模数，即单位流量的灌溉面积，$(100hm^2\cdot s)/m^3$；

其余符号意义同前。

【例 4-1】　某灌区灌溉面积 $80hm^2$，其中棉花和玉米的种植比例分别为 50%和 40%，夏灌时两种作物同时灌水，灌水定额分别为 $600m^3/hm^2$ 和 $750m^3/hm^2$，灌水延续时间 10d，每天灌水 24h。灌溉水利用系数为 0.8，天旱时该级渠道分两组轮灌，调查相似灌区的灌水模数为 0.07m^3/（s·100hm^2），流量模数为 11.34（100hm^2·s）/m^3。试分别求续灌和轮灌时渠道的设计流量，并用灌水模数法和流量模数法进行校核。

解：

（1）灌水定额法。续灌和轮灌时的设计流量分别用公式（4－24）和式（4－25）计算。即

续灌时 $Q_{设}=\frac{0.5\times 80\times 600+0.4\times 80\times 750}{3600\times 10\times 24\times 0.8}=0.07\ m^3/s$

轮灌时 $Q_{设}=\left(\frac{0.5\times 80\times 600+0.4\times 80\times 750}{3600\times 10\times 24\times 0.8}\right)\times 2=0.14\ m^3/s$

（2）灌水模数法，由公式（4－26）计算，即

$$Q_{设}=\frac{0.80\times 0.07}{0.8}=0.07\ m^3/s$$

（3）流量模数法，由式（4－27）计算，即

$$Q_{设}=\frac{0.8}{11.34}=0.07\ m^3/s$$

二、渠道加大流量

灌溉工程在运行过程中，可能出现一些与设计条件不一致的情况，如灌溉面积扩大，作物种植比例调整，用水户变更等，可能要求增加供水量；或渠道及渠系建筑物发生事故，在事故排除之后，需要增加引水量，以弥补事故影响而少引的水量；或在暴雨期间因降雨而增加渠道的输水流量等。这些情况都要求在设计渠道时留有余地，即按加大流量来满足短时间内的输水要求。

渠道加大流量是指在短时增加输水的情况下，渠道需要通过的最大灌溉流量，常用 $Q_{加}$ 表示。通常把设计流量适当放大后所得到的流量，作为渠道加大流量。当渠道通过加大流量时，渠中水位升高，流速加大。所以，加大流量是用来校核渠道的不冲流速，并据以确定渠道的深度和堤顶高程。

续灌渠道的加大流量可用公式（4－28）进行计算。对于轮灌渠道，因其流量已经加大，故不再考虑加大流量。

$$Q_{加}=(1+k)Q_{设} \tag{4-28}$$

式中 k——流量加大百分数，可查表 4－6，湿润地区取小值，干旱地区可取大值；

$Q_{加}$——渠道加大流量，m^3/s。

表 4－6　续灌渠道加大流量的加大百分数

设计流量（m^3/s）	<1	1～5	5～20	20～50	50～100
加大百分数（%）	35～30	30～25	25～20	20～15	15～10

由泵站供水的续灌渠道加大流量应包括备用机组在内的全部装机流量。

三、渠道最小流量

渠道最小流量是指在设计典型年内渠道需要通过的最小灌溉流量，常用 $Q_{最小}$ 表示。在灌溉用水过程中，渠道通过的流量是变化的，有时大有时小。渠道中之所以会出现最小

流量，往往是由于要灌溉的某种作物种植面积较小或灌水定额较小，需要的流量较小；或者是由于渠道建成后在运用期间，当水源来水量不足时，渠道中也可能会出现最小流量。

当渠道通过最小流量时，渠中水位必定降低，流速减小，这就可能造成渠道淤积和下一级渠道引水困难。应用渠道最小流量可以校核对下一级渠道的水位控制条件等。当水位过低影响下一级渠道引水时，需在适当的位置建节制闸。

为了满足对下一级渠道正常供水和水位控制要求，最小流量与设计流量不宜相差过大。一般规定：续灌渠道的最小流量不宜小于设计流量的40%，相应的最小水深不宜小于设计水深的70%。

第四节　渠道断面设计

渠道的设计流量、加大流量和最小流量确定后，便可据此设计渠道断面。正常工作条件下，各级渠道的水力要素应按设计流量计算确定，其设计流速应满足渠道不冲不淤要求。加大流量是确定渠道的堤顶超高和高度，并按其校核渠道的不冲流速。最小流量主要用来校核对下级渠道的水位控制条件和渠道的不淤流速。如果水位不能满足下级渠道引水要求，就需要在该分水口下游设节制闸，壅高水位，以满足其取水要求。

一、渠道断面设计要求

渠道断面设计的主要任务是确定满足灌溉要求的渠道断面形状、尺寸、结构和空间位置。渠道断面设计应满足以下要求：①有足够的输水能力，以满足作物的需水要求；②有足够的水位控制高程，以满足自流灌溉对水位的要求；③流速适宜，保证渠道不冲不淤或在一定时期内冲淤平衡，以满足纵向稳定要求；④边坡稳定，保证渠道不坍塌、不滑坡、不发生冻胀破坏，以满足平面稳定要求；⑤有合理的断面结构型式，以减少渗漏损失、工程量和工程投资等。

渠道的纵断面设计和横断面设计是相互联系、互为条件的。在实际设计中，不能把它们截然分开，要全盘考虑、交替进行、反复调整，最后才能确定合理的设计方案。但为了叙述方便，渠道的纵、横断面设计应分别进行介绍。

二、渠道横断面设计

（一）设计原理

渠道横断面设计的主要内容是通过水力计算确定渠道横断面的结构型式与尺寸。为方便设计、施工和管理，渠道在一定长度的渠段内一般采用同样的断面型式、断面尺寸以及渠底比降，并且有大体一致的渠床粗糙度，符合明渠均匀流的水流条件。所以，灌溉渠道的横断面尺寸常用明渠均匀流公式进行计算，基本公式是：

$$Q = AC\sqrt{Ri} \tag{4-29}$$

式中　Q——渠道的设计流量，m^3/s；

A——渠道的过水断面面积，m^2；

C——谢才系数，$m^{0.5}/s$；

R——水力半径，m；

i——水力比降，均匀流中与渠底比降相同。

（二）设计参数的确定

上式中包含Q、m、n、i、b和h 6个参数，要确定渠道底宽和水深，必须先确定m、n、i等参数。

1. 渠底比降

渠底比降是指渠段首端与末端渠底高程的差值与渠段长度的比值。渠底比降选择是否合理，关系到渠道输水能力的大小，控制灌溉面积的多少，工程造价的高低以及渠道的稳定与安全。因此，选择渠底比降时应慎重，常需考虑以下原则：

（1）尽量接近沿渠的地面比降，以避免深挖高填。

（2）流量大的渠道，比降应缓些；流量小的渠道，比降应陡些。

（3）渠床土壤易冲刷，则比降应缓些；渠床土壤防冲性能好，比降选陡些。

（4）渠水含沙量大时，比降选陡些；含沙量小时，可选缓些。

（5）提水灌区水头宝贵，渠底比降选缓些；自流灌区水头较富足时，比降可陡些。

在实际选择渠底比降时，除遵循上述原则外，还需按下级渠道分水口的水位要求，参考表4－7和表4－8中的经验数值，先初选比降值，然后进行水力计算和流速校核，如不满足水位和稳定要求，可重新选择，直至满足为止。

表4－7　　山丘地区渠底比降参考表

渠道类别	流量范围（m^3/s）	渠底比降
土　渠	>10	1/5000～1/10000
	1～10	1/2000～1/5000
	<1	1/1000～1/2000
石　渠	1/500～1/1000	

表4－8　　平原地区渠底比降参考表

渠道名称	干　渠	支　渠	斗　渠	农　渠
渠底比降	1/10000～1/20000	1/5000～1/10000	1/3000～1/5000	1/1000～1/2000

2. 渠床糙率

渠床糙率是反映渠床粗糙程度的一个指标。糙率系数n选择得是否符合实际，直接影响到水力计算的结果。如果取值大于实际值，会使渠道的实际过水能力大于设计过水能力，不仅增加了工程量，而且会因流速增大引起冲刷，因水位降低而影响下级渠道引水。反之，如所选糙率系数小于实际值，则实际过水能力小于设计过水能力，影响灌溉用水。因此，选用的糙率值应尽量与实际渠床粗糙程度相符。

影响渠床粗糙程度的主要因素有渠道流量、渠床土质、施工质量及管理维护水平等。一般渠道可参考表4－9选用，大型渠道可通过实验资料分析确定。

3. 边坡系数

渠道的边坡系数是反映渠道横断面边坡倾斜程度的一个指标。它的大小关系到渠道岸坡的稳定，以及渠道的工程量、占地、输水损失的多少等。m值过大，渠道工程量大、占地多，输水损失就大；m值过小，边坡不稳定、易坍塌。一般可根据沿渠土质、挖填方深度、渠中水深等因素参考表4－10和表4－11选定。大型渠道的边坡系数应通过土工试验和稳定分析确定。

梯形断面水深小于或等于3m的挖方渠道，最小边坡系数可按表4－10确定，也可根据实际情况和经验确定；水深大于3m或地下水位较高的挖方渠道，边坡系数应根据稳定

表 4-9　　渠床糙率（*n*）

1. 土渠床

渠道流量（m^3/s）	渠道特征	糙率
>20	平整顺直，养护良好	0.0200
	平整顺直，养护一般	0.0225
	渠床多石，杂草丛生，养护较差	0.0250
20～1	平整顺直，养护良好	0.0225
	平整顺直，养护一般	0.0250
	渠床多石，杂草丛生，养护较差	0.0275
<1	渠床弯曲，养护一般	0.0250
	支渠以下的固定渠道	0.0275
	渠床多石，杂草丛生，养护较差	0.0300

2. 石渠床

渠道特征	糙率
经过良好修整	0.0250
经过中等修整无凸出部分	0.0300
经过中等修整有凸出部分	0.0330
未经修整有凸出部分	0.0350～0.0450

3. 防渗衬砌渠床

防渗衬砌结构类别及特征		糙率
粘土、粘砂混合土、膨润混合土	平整顺直，养护良好	0.0225
	平整顺直，养护一般	0.0250
	平整顺直，养护较差	0.0275
灰土、三合土、四合土	平整，表面光滑	0.0150～0.0170
	平整，表面较粗糙	0.0180～0.0200
水泥土	平整，表面光滑	0.0140～0.0160
	平整，表面较粗糙	0.0160～0.0180
砌　石	浆砌料石、石板	0.0150～0.0230
	浆砌块石	0.0200～0.0250
	干砌块石	0.0250～0.0330
	浆砌卵石	0.0230～0.0275
	干砌卵石，砌工良好	0.0250～0.0325
	干砌卵石，砌工一般	0.0275～0.0375
	干砌卵石，砌工粗糙	0.0325～0.0425
沥青混凝土	机械现场浇筑，表面光滑	0.0120～0.0140
	机械现场浇筑，表面粗糙	0.0150～0.0170
	预制板砌筑	0.0160～0.0180
混凝土	抹光的水泥砂浆面	0.0120～0.0130
	金属模板浇筑，平整顺直，表面光滑	0.0120～0.0140
	刨光木模板浇筑，表面一般	0.0150
	表面粗糙，缝口不齐	0.0170
	修整及养护较差	0.0180
	预制板砌筑	0.0160～0.0180
	预制渠槽	0.0120～0.0160
	平整的喷浆面	0.0150～0.0160
	不平整的喷浆面	0.0170～0.0180
	波状断面的喷浆面	0.0180～0.0250

表 4-10　　　　　　　　　　　　**挖方渠道的最小边坡系数**

土　　质	渠　道　水　深　(m)		
	＜1	1～2	＞2～3
稍胶结的卵石	1.00	1.00	1.00
夹砂的卵石或砾石	1.25	1.50	1.50
粘土、重壤土	1.00	1.00	1.25
中壤土	1.25	1.25	1.50
轻壤土、砂壤土	1.50	1.50	1.75
砂　土	1.75	2.00	2.25

表 4-11　　　　　　　　　　　　**填方渠道的最小边坡系数**

土　质	渠　道　水　深(m)					
	＜1		1～2		＞2～3	
	内坡	外坡	内坡	外坡	内坡	外坡
粘土、重壤土	1.00	1.00	1.00	1.00	1.25	1.00
中壤土	1.25	1.00	1.25	1.00	1.50	1.25
轻壤土、砂壤土	1.50	1.25	1.50	1.25	1.75	1.50
砂　土	1.75	1.50	2.00	1.75	2.25	2.00

分析计算确定；采用机械开挖或位于寒冷地区的挖方渠道，边坡系数可较表列数值或稳定分析计算成果适当加大；采用刚性衬砌的挖方渠道，边坡系数在满足衬砌前土质边坡稳定的基础上可适当减小。

深挖方渠道可采用复式或阶梯形断面，渠道边坡系数应根据稳定分析计算确定。

黄土地区渠岸以上高度的边坡系数，应根据岸坡土质条件和其他具体情况，进行稳定分析计算确定。

填方渠道的渠堤填方高度小于或等于 3m 时，其内、外边坡最小边坡系数可按表 4-11 确定；渠堤填方高度大于 3m 时，其内、外边坡系数应根据稳定分析计算确定。

4. 渠道断面宽深比 β

渠道断面宽深比是指底宽 b 与水深 h 的比值，即 $\beta=b/h$。当渠道的流量、比降、边坡及糙率一定时，过水断面面积是一定的，但底宽 b 和水深 h 可有不同的组合，即渠道可修得宽浅些，也可窄深些。宽浅渠道渠床稳定，不易冲刷，水位变幅小，但水面宽占地多。窄深渠道水流急，易冲刷，但占地少，渗水损失少。一般情况下，流量大，含沙量小，渠床土质差时多采用宽浅渠道；而流量小，含沙量大，渠床土质较好时，可采用窄深式渠道。

渠道断面宽深比对渠道的工程量大小、施工难易和平面稳定都有很大影响。选择时既要考虑工程量小、输水能力大，又要考虑满足稳定、施工和通航等方面的要求。通常对中、小型渠道稳定宽深比可直接选用表 4-12 所列的经验数值。

表 4-12　　稳定渠床断面宽深比

Q (m^3/s)	<1	1～3	3～5	5～10	10～30	30～60
β	1～2	1～3	2～4	3～5	5～7	6～10

影响渠道宽深比的因素很多，要求也不尽相同。设计时可根据具体情况初选一个 β 值，作为计算渠道断面尺寸的参数，再结合其他要求进行校核确定。

5. 渠道不冲（$v_{不冲}$）、不淤流速（$v_{不淤}$）

在设计流量情况下，渠道的实际流速若大于不冲流速，渠道就会发生冲刷；若小于不淤流速，渠道便会淤积。为了保持渠道的纵向稳定，渠道的设计流速应符合下列条件：

$$v_{不冲} > v_{设计} > v_{不淤}$$

（1）渠道的不冲流速 $v_{不冲}$。水在渠道中流动时，具有一定的能量，这种能量随水流速度的增加而增加，当流速增加到一定程度时，渠床上的土粒就会随水流移动。我们把渠床土粒将要移动而尚未移动时的水流速度称为渠道的不冲流速。

表 4-13　　渠道允许不冲流速表

不同土壤和衬砌条件		允许不冲流速
土壤类别（干容重 1.3～1.7）	轻壤土	0.6～0.80
	中壤土	0.65～0.85
	重壤土	0.70～0.95
	粘壤土	0.75～1.00
混凝土衬砌		5.0～8.0
块石衬砌		2.5～5.0
卵石衬砌		2.0～4.5

渠道的不冲流速主要与渠床土质有关，可参考表 4-13 所列的经验数值或用下列经验公式计算确定：

$$v_{不冲} = KQ^{0.1} \tag{4-30}$$

式中　Q——渠道设计流量，m^3/s；

K——不冲流速系数，见表 4-14。

表 4-14　　渠道允许不冲流速系数 K 值表

土壤类别	砂壤土	轻粘壤土	中粘壤土	重粘壤土	粘　土	重粘土
K	0.53	0.57	0.62	0.68	0.75	0.85

（2）渠道的不淤流速 $v_{不淤}$。渠道水流的挟沙能力随流速的减小而减小，当流速小到一定程度时，一部分泥沙就开始在渠道内淤积，我们把泥沙将要沉积而尚未沉积时的水流速度称为不淤流速。渠道的不淤流速主要取决于渠道水流的含沙情况和断面水力要素，一般可按下列经验公式计算：

$$v_{不淤} = C\sqrt{R} \tag{4-31}$$

式中　C——不淤流速系数，参考表 4-15 选用；

R——水力半径，m，即过水断面面积与湿周的比值。

对含沙量很小的清水渠道，虽无泥沙淤积威胁，但为了防止渠道中生长杂草而影响过水能力，仍要求渠道设计流速应不小于 0.3～0.4m/s。

表 4-15　　渠道不淤流速系数 C 值表

泥沙性质	粗砂质粘土	中砂质粘土	细砂质粘土	极细的砂质粘土
C	0.65～0.77	0.58～0.54	0.41～0.57	0.37～0.41

（三）渠道水力计算方法

在渠道的设计参数确定之后，便可进行水力计算，以确定渠道的过水断面尺寸及有关水力要素。

1. 一般梯形断面

常见的渠道断面形式为梯形断面，在梯形断面明渠均匀流计算公式（4-29）中，除了选定 i、n、m 等参数以外，还有 b、h 两个参数，因为是高次方程，很难用解析法求解两个未知数。因此，常用的计算方法有试算法、图解法和查表法等。试算法的计算步骤如下：

（1）假设一对 b、h 值。为了施工方便，底宽 b 应取整数，因此，一般是假设一个 b 值，再参照选用的宽深比 β 值计算出相应的 h 值，即 $h=b/\beta$。

（2）计算断面各水力要素。根据假设的 b 和 h 值，计算相应的过水断面 A、湿周 χ、水力半径 R 和谢才系数 C 值，即

$$A=(b+mh)h\ (\mathrm{m}^2)$$

$$\chi=b+2h\sqrt{1+m^2}\ (\mathrm{m})$$

$$R=A/\chi\ (\mathrm{m})$$

$$C=\frac{1}{n}R^{1/6}\ (\mathrm{m}^{0.5}/\mathrm{s})$$

（3）计算渠道流量。　　$Q_{计}=AC\sqrt{Ri}\ (\mathrm{m}^3/\mathrm{s})$

（4）校核渠道流量。由于试算出来的渠道流量是假设断面所具有的输水能力，一般不等于渠道的设计流量。试算的目的就是通过修改假设的断面尺寸，使它的输水能力和设计流量相等相近，一般要求误差不超过 5%，即选用的渠道断面尺寸应满足的校核条件是：

$$\left|\frac{Q_{设}-Q_{计}}{Q_{设}}\right|\leqslant 0.05$$

如果计算出来的流量不满足这个条件，就要另设水深 h 值（如 $Q_{计}>Q_{设}$，则取 $h_2<h_1$；如 $Q_{计}<Q_{设}$，则取 $h_2>h_1$），重复以上计算步骤，直至满足要求为止。为了减少重复计算次数，常用图解法配合。在底宽不变的条件下，用三次以上试算结果绘制 $h—Q_{计算}$ 关系曲线（如图 4-13），在曲线图上查出与渠道设计流量 Q 值相应的 h 即可。

（5）校核渠道流速。设计断面尺寸不仅要满足设计流量的要求，还要满足稳定的要求，即满足不冲不淤的要求。先计算设计流速 $v_{设计}=Q/A$，然后再按检验式 $v_{不淤}<v_{设计}<v_{不冲}$，检查是否满足条件，如果不满足，就要重新假设断面要素，重复上述步骤计算，直到渠道断面既满足流量要求又满足流速要求为止。

【例 4-2】　某灌溉渠道采用梯形断面，设计流量 $Q_{设}=3.2\ \mathrm{m}^3/\mathrm{s}$，边坡系数 $m=1.5$，渠道比降 $i=0.0005$，渠床糙率 $n=0.025$，渠道不冲流速为 0.8 m/s，该渠道为清

水渠道，为防止渠道长草，最小允许流速为0.4m/s，试设计渠道的过水断面尺寸。

解：

（1）初设 $b=2\text{m}$，$h=1\text{m}$，作为第一次试算的渠道底宽和水深。

（2）计算渠道断面各水力要素：

$$A=(b+mh)h=(2+1.5\times1)=3.5\ \text{m}^2$$

$$\chi=b+2h\sqrt{1+m^2}=2+2\times1\sqrt{1+1.5^2}=5.61\ \text{m}$$

$$R=\frac{A}{\chi}=\frac{3.5}{5.61}=0.624\ \text{m}$$

$$C=\frac{1}{n}R^{1/6}=\frac{1}{0.025}\times0.624^{1/6}=36.98\ \text{m}^{0.5}/\text{s}$$

（3）计算渠道流量：

$$Q=AC\sqrt{Ri}=3.5\times36.98\sqrt{0.624\times0.0005}=2.286\ \text{m}^3/\text{s}$$

（4）校核渠道流量：

$$\left|\frac{Q_{设}-Q_{计}}{Q_{设}}\right|=\left|\frac{3.2-2.286}{3.2}\right|=0.286>0.05$$

因为流量校核不符合要求，需要重新试算。为此，又假设 $h=1.1\text{m}$，1.15m，1.22m 三个值，按上述步骤重复计算，将计算结果列入表4-16。

表 4-16　　渠道横断面尺寸计算表

h（m）	A（m^2）	χ（m）	R（m）	C（$\text{m}^{0.5}/\text{s}$）	Q（m^3/s）
1.0	3.5	5.61	0.624	36.98	2.286
1.1	4.02	5.97	0.673	37.45	2.760
1.15	4.28	6.15	0.697	37.66	2.012
1.22	4.67	6.40	0.730	37.96	3.390

按表4-16的计算结果绘制 h—$Q_{计算}$ 关系曲线，见图4-13。从图中查得：$Q_{设}=3.2\ \text{m}^3/\text{s}$ 时，相应的设计水深 $h_{设}=1.185\text{m}$。

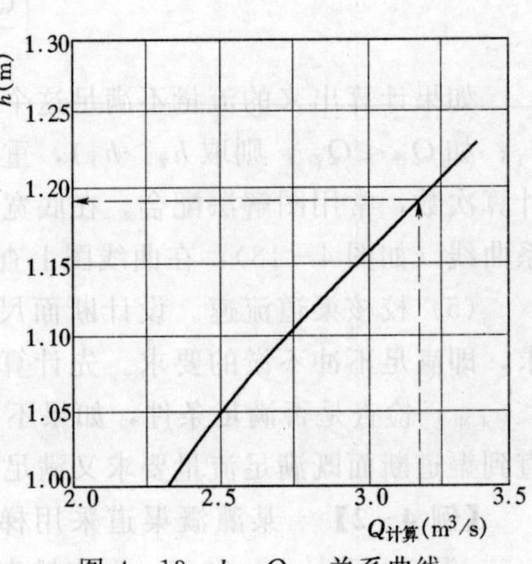

图 4-13　h—$Q_{计算}$ 关系曲线

（5）校核渠道流速：

$$v=\frac{Q_{设}}{A}=\frac{3.2}{(2+1.5\times1.185)\times1185}$$
$$=0.715\ \text{m/s}$$

设计流速满足校核条件，即 $0.4\text{m/s}<0.715\text{m/s}<0.8\text{m/s}$，所以设计断面的尺寸是：$b_{设}=2\text{m}$，$h_{设}=1.185\text{m}$。

2. 水力最佳断面

在渠道比降和渠床糙率一定的条件下，通过设计流量所需要的最小过水断面称为水力最佳断

面。采用水力最佳断面的宽深比可使渠道工程最小。梯形渠道水力最佳断面的宽深比计算公式为

$$\beta_0 = 2(\sqrt{1+m^2} - m) \tag{4-32}$$

式中 β_0——梯形渠道水力最佳断面的宽深比；

m——梯形渠道内边坡系数。

根据公式（4-32）可算出不同边坡系数相应的水力最佳断面的宽深比 β_0，见表4-17。

表4-17 **m—β_0 关系表**

边坡系数 m	0	0.25	0.50	0.75	1.00	1.25	1.50	1.75	2.00	3.00
β_0	2.0	1.56	1.24	1.00	0.83	0.70	0.61	0.53	0.47	0.32

水力最佳断面的水深和底宽可按下式计算：

$$h_0 = 1.189\left\{\frac{nQ}{[2(1+m^2)^{1/2} - m]\sqrt{i}}\right\}^{3/8} \tag{4-33}$$

$$b_0 = 2[(1+m^2)^{1/2} - m]h_0 = \beta_0 h_0 \tag{4-34}$$

式中 h_0——水力最佳断面水深，m；

b_0——水力最佳断面底宽，m；

其余符号意义同前。

【例4-3】 已知条件同例4-2，试按水力最佳断面计算过水断面尺寸。

解：

（1）根据 $m=1.5$，查表4-17得 $\beta_0=0.61$。

（2）按公式（4-33）计算水深：

$$h_0 = 1.189\left\{\frac{0.025\times 3.2}{[2\times(1+1.5^2)^{1/2} - 1.5]\sqrt{0.0005}}\right\}^{3/8} = 1.45\ \text{m}$$

（3）按公式（4-34）计算底宽：

$$b_0 = 0.61\times 1.45 = 0.88\ \text{m}$$

为便于施工，取 $b=0.9$m。

（4）校核流速：

$$A = (0.9 + 1.5\times 1.45)\times 1.45 = 4.46\ \text{m}^2$$

$$v = \frac{Q_{设}}{A} = \frac{3.2}{4.46} = 0.7\ \text{m/s}$$

满足校核条件：0.40 m/s<0.7m/s<0.80m/s。

所以，水力最佳断面的尺寸是：$b=0.9$m，$h=1.45$m。

3. U形渠道断面

U形渠道断面接近水力最佳断面，具有较大的输水输沙能力，占地较少，省工省料，而且由于整体性好，抵抗基土冻胀破坏的能力较强。因此，U形断面受到普遍欢迎，在

我国已广泛使用。U形渠道的缺点是施工难度较大，要求较高，工程质量不易控制，多采用混凝土现场浇筑或混凝土预制拼装。

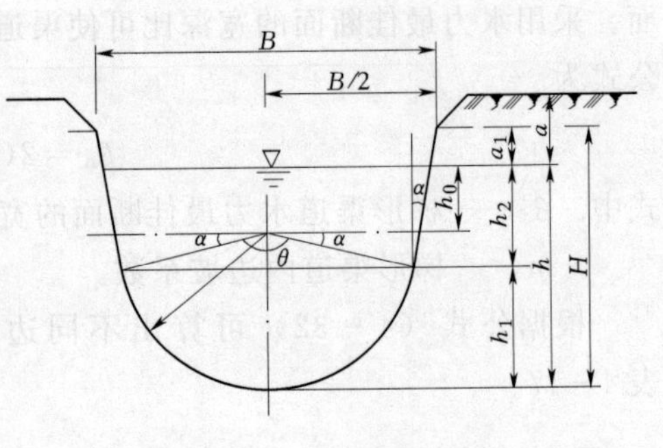

图4-14　U形断面示意图

图4-14为U形断面示意图，下部为半圆形，上部为稍向外倾斜的直线段。直线段下切于半圆，外倾角$\alpha=5°\sim20°$，随渠槽加深而增大。较大的U形渠道采用较宽浅的断面，深宽比$H/B=0.65\sim0.75$，较小的U形渠道则宜窄深一点，深宽比可增大到$H/B=1.0$。

（四）渠道横断面结构

由于渠道过水断面和渠道沿线地面的相对位置不同，渠道横断面会出现挖方断面、填方断面和半挖半填断面3种类型。

1. 挖方渠道断面

当渠道穿过局部高地时，可修建挖方渠道，挖方渠道行水安全，便于管理，一般输水渠道（如干渠）多采用这种断面形式，如图4-15所示。

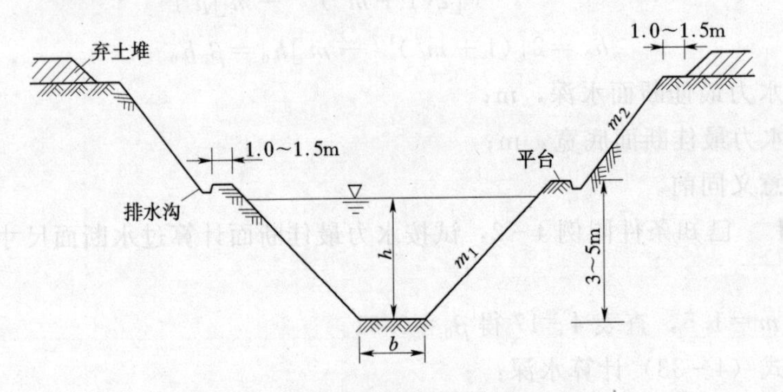

图4-15　挖方渠道横断面结构示意图

挖方渠道的设计水位低于地面，因此，保持边坡稳定和处理好边坡排水是其设计中应考虑的主要问题。挖方渠道的最小边坡系数应根据渠岸土壤、地质、水文地质条件、渠道水深以及挖方深度等因素确定。挖深大于5m时，应每隔3～5m设置一个平台，平台宽约1.5～2.0m。在平台内侧设排水沟，以汇集坡面径流，防止渠坡冲蚀。

2. 填方渠道断面

当渠道通过洼地或坡度平缓地带以及沟溪时，需要修建填方渠道，如图4-16所示。由于填方渠道容易发生溃决、漏水和滑坡，所以应尽量少修填方渠道，必须修建时，要选

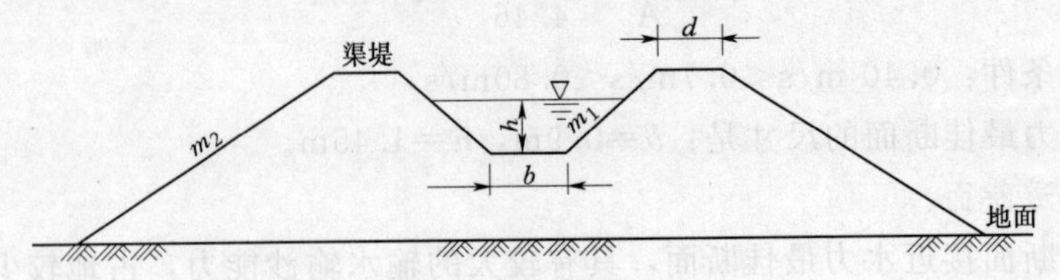

图4-16　填方渠道横断面结构示意图

择好内、外边坡系数，严格控制施工质量。当渠堤填方高度大于5m时，宜在其底部以上每隔5m设宽度不少于1.0m的平台。另外，填方渠道易产生沉陷，施工时应预留沉降高度，一般应比设计填高增加10%左右。

3. 半挖半填渠道断面

半挖半填渠道输水安全，工程量小，施工和管理方便，且便于向下级渠道分水，是一种较好的断面形式，在地形条件和水位控制条件许可时，各级渠道都可采用这种断面（如图4-17）。设计时应力求挖方量和填方量大致相等，以使土方量最小。

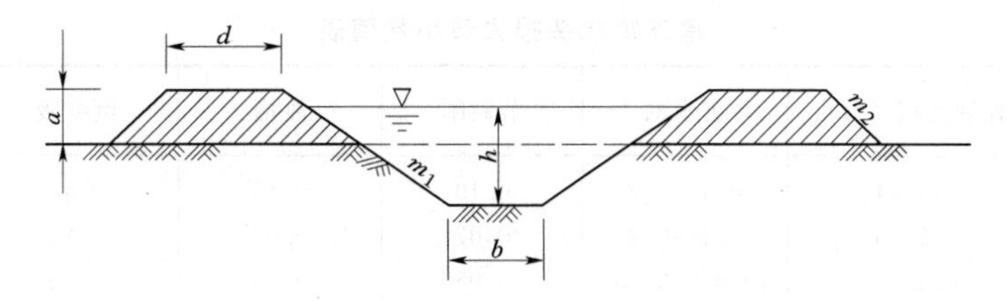

图4-17 半挖半填渠道横断面结构示意图

为了便于管理和保证渠道安全运行，挖方渠道的渠岸和填方渠道的堤顶应有一定的宽度，以满足交通和渠道稳定的需要。渠岸和堤顶的宽度可根据渠道设计流量的大小按表4-18选定。如果渠堤与交通道路结合，渠岸或堤顶宽度应根据交通要求确定。

表4-18　渠岸或堤顶宽度与安全超高

渠道级别 / 项目	田间毛渠	固定渠道流量（m^3/s）						
		<0.5	0.5～1.0	1～5	5～10	10～30	30～50	>50
安全超高（m）	0.1～0.2	0.2～0.3	0.2～0.3	0.3～0.4	0.4	0.5	0.6	0.8
堤顶宽度（m）	0.2～0.5	0.5～0.8	0.8～1.0	1.0～1.5	1.5～2.0	2.0～2.5	2.5～3.0	3.0～3.5

三、渠道纵断面设计

灌溉渠道既要能通过设计流量，又要满足水位控制高程的要求。渠道纵断面设计的任务，就是根据灌溉水位要求确定渠道的空间位置，并把一个个孤立的横断面，通过渠道中心线的平面位置，相互联系起来，并进一步确定渠道的设计水位线、渠底高程线和断面结构等。

（一）渠道的水位推求

1. 各级渠道分水口水位推求

为了满足自流灌溉的要求，各级渠道分水口处闸前都应具有足够的水位高程。各分水口的水位控制高程应根据灌溉面积上参考点的高程，加上灌水深度和渠道的沿程水头损失以及渠系建筑物的局部水头损失，自下而上逐级推算出来（如图4-18）。推算公式如下：

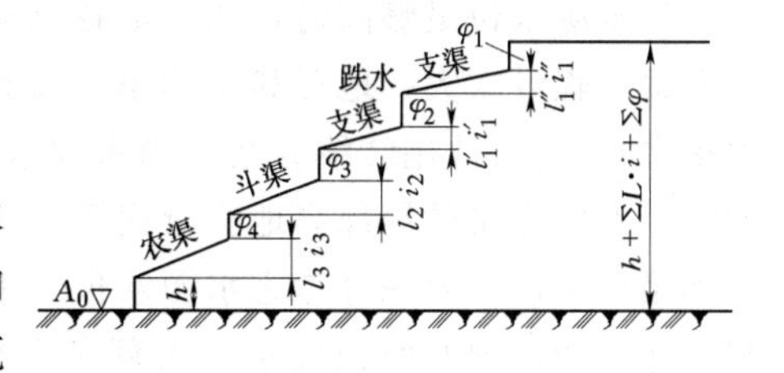

图4-18 分水口水位推算示意

$$H_{分}=A_0+h+\sum L\cdot i+\sum\varphi \qquad (4-35)$$

式中　$H_{分}$——渠道分水口处的水位高程，m；

A_0——渠道控制面积内比较难灌的地面参考点高程，m，应根据地形坡度情况选择：沿渠地面坡度大于渠底比降，则离分水口较近处不易控制，反之，渠末难灌，即参考点地面高程 A_0 选在渠末处；

h——所选参考点地面与末级固定渠道水面的高差，一般为 0.1～0.2m；

L——各级渠道的长度，m；

i——各级渠道的比降；

φ——水流通过各建筑物的局部水头损失，m，见表 4-19。

表 4-19　　建筑物水头损失最小数值表　　单位：m

渠道级别	控制面积（万亩）	进水闸	节制闸	渡槽	倒虹吸	公路桥
总干、干渠	10～40	0.1～0.2	0.10	0.15	0.40	0.05
支渠	1～6	0.1～0.2	0.07	0.07	0.30	0.03
斗渠	0.3～0.4	0.05～0.15	0.05	0.05	0.20	0
农渠		0.05				

2. 渠首水位和设计水位线推求

如图 4-19 所示，若一条干渠上有 4 条支渠，当各支渠口要求的水位高程 H_1、H_2、H_3 和 H_4 确定后，便可结合水源水位、干渠沿渠地形等分析确定干渠的设计水位线和渠首水位。

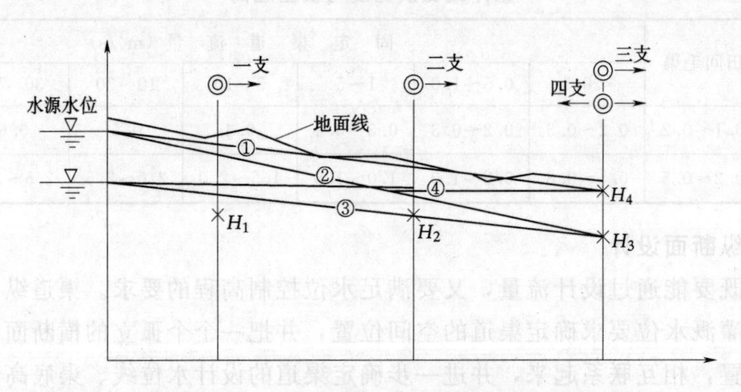

图 4-19　干渠设计水位线分析确定示意图

当水源水位足够高时，如满足各支渠分水口的水位要求，可采用①线方案；如采用①线方案工程量太大，地形和土壤条件又允许加大干渠比降，可放弃四支渠的局部高地（采用提灌），则可改用②线方案；当水源水位高程不足时，要满足各支渠要求，可采用④线方案；如四支渠的局部高地实行提灌，可改用③线方案。由此可见，确定干渠的设计水位线和渠首水位，要综合考虑水源水位，下级渠道要求的水位，沿渠地形和地质，渠道上的配套建筑物，灌溉面积大小，工程量多少，施工难易以及造价高低等各种因素，全面分析，反复比较，才能最后合理确定。

（二）渠道纵断面图的绘制

如图 4-20 所示，绘制渠道纵断面图主要包括沿渠地面高程线，渠道设计水位线，渠道最低水位线，渠底高程线，渠道堤顶高程线的绘制以及分水口和渠道上的建筑物的位置和形式的确定等内容。绘制的基本步骤如下：

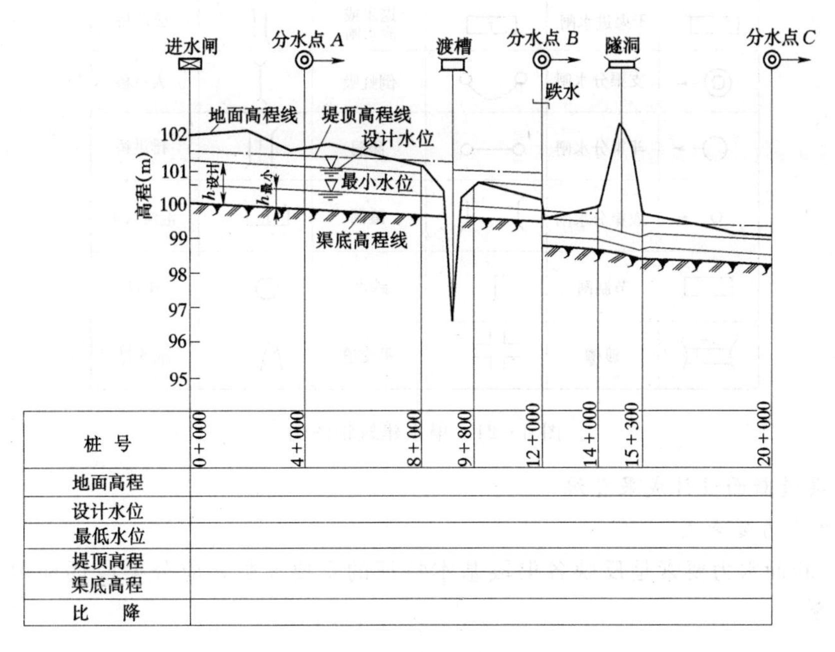

图 4-20 渠道纵断面示意图

1. 选择比例尺

高程：1∶100 或 1∶200，视地形起伏情况而定，地形起伏大时取前者，地形较平坦时取后者。距离：1∶5000 或 1∶10000，视渠道长短情况而定，渠线较短时取前者，渠线较长时取后者。

2. 绘制地面高程线

根据渠道的平面布置图，按照沿渠的桩号及其相应的地面高程，在纵断面上点绘出地面高程线。

3. 绘制设计水位线

参照水源或上一级渠道水位高程，并考虑下级各分水口所要求的水位高程，按照初步选定的渠道比降，并预留建筑物水头损失，绘出渠道设计水位线。

4. 绘制渠底高程线

在设计水位线以下，以渠道设计水深 h 为间距，绘平行于设计水位线的渠底高程线。

5. 绘制渠道最小水位线、堤顶高程线

从渠底高程线向上，以渠道最小水深、加大水深与安全超高之和为间距，绘出平行于渠底的最小水位线和堤顶高程线。轮灌渠道不考虑加大流量，则从渠底向上，以设计水深加安全超高为间距，绘制堤顶高程线。

6. 标注建筑物的位置、形式及有关断面要素

按图 4-21 所示的图例，在纵断面图上根据需要确定出建筑物的位置与类型，并在相应的断面处标注桩号、地面高程、挖方深度和填方高度（地面高程减渠底高程，得正值为挖方深度，得负值为填方高度）以及断面要素等。

符号	名称	符号	名称	符号	名称
	干渠进水闸		退水或泄水闸		公路桥
	支渠分水闸		倒虹吸		人行桥
	斗渠分水闸		涵洞		排洪桥
	农渠分水闸		隧洞		汇流入渠
	节制闸		跌水		电站
	渡槽		平交道		抽水站

图 4－21　渠系建筑物图例

（三）渠道断面设计成果整编

1. 断面水力要素表

渠道的断面水力要素是反映各渠段基本特征的重要参数，应分渠段逐项填写，见表 4－20。

表 4－20　　渠道水力要素表

渠道	渠段	渠底比降	渠底宽 b (m)	糙率	边坡系数		流量 Q (m^3/s)	水深 h (m)	过水断面 A (m^2)	流速 (m/s)			水力半径 R (m)	湿周 χ (m)	超高 Δh (m)	渠深 H (m)	堤顶宽 d (m)
					内坡 m_1	外坡 m_2				$v_{设}$	$v_{不冲}$	$v_{不淤}$					

2. 建筑物设计资料统计表

沿渠建筑物的设计资料是设计建筑物的主要参数，应认真统计填写，参见表 4－21。

表 4－21　　沿渠建筑物的设计资料

序号	建筑物名称	桩号	流量 (m^3/s)		底宽 (m)	水深 (m)		渠深 (m)	顶宽 (m)		地面高程 (m)	渠底高程 (m)	水位 (m)		堤顶高程 (m)	预留水头 (m)	超高 Δh (m)	备注
			正常	加大		正常	加大		左	右			正常	加大				

3. 土石方量计算表

在渠道纵横断面结构设计完成后，便可根据纵横断面设计成果，估算渠道的土石方量，为进行方案比较、编制经费预算、调配劳力计划、安排施工进度等工作提供依据，具体计算方法可参阅《水利工程测量》。计算成果可填入表 4－22 中。

表 4-22 渠道土方计算表

桩号自 0+000 至 0+800 共____页第__1__页

桩号	中心桩填挖（m）		面积（m^2）		平均面积（m^2）		距离（m）	土方量（m^3）		备注
	挖	填	挖	填	挖	填		挖	填	
0+000	2.50		8.12	3.15						
					8.26	3.08	100	826	308	
100	1.92	8.40	3.01							
					6.13	4.06	100	613	406	
200	1.57		3.86	5.11						
					2.28	5.28	50	114	264	
250	0		0.70	5.45						
					0.35	6.29	15.5	5	97	
265.5			0	7.13						
					…	…				
	…			…						
					…	…				
0+800	0.47		5.64	4.91						
合计								4261	3606	

思考与练习

1. 渠道灌溉系统由哪几部分组成？渠道可以分几级？分级的依据是什么？

2. 简述渠系规划布置原则。

3. 试述干、支渠规划布置要点及各级渠道规划布置方式。

4. 简述渠系建筑物的类型与作用。

5. 控制建筑物有哪些类型？节制闸布置时需要考虑哪几种情况？

6. 交叉建筑物有哪些类型？各适用何种场合？

7. 试述渠道设计流量、加大流量、最小流量在渠道设计中的作用。

8. 试分析几种水的利用系数的概念及计算方法。

9. 简述不同渠道工作制度的特点及其适用条件。

10. 选择渠道的比降和边坡系数分别要考虑哪些因素？

11. 简述渠道横断面设计步骤。

12. 全挖方、全填方、半挖半填渠道横断面在结构上有哪些区别？

13. 简述渠道设计水位的推求方法。

14. 简述渠道纵断面图的绘制步骤。

15. 某渠道设计流量 $Q=3.0m^3/s$，渠道沿线土壤为重粘壤土，地面坡度为 1∶2500 左右。渠道按良好的施工质量及良好的养护状况设计。

要求：设计渠道的断面尺寸。

第五章　田间工程与灌水方法

第一节　田　间　工　程

田间工程通常指农田灌排系统中最末一级固定渠沟控制范围内的工程设施。一般情况下，最末一级固定渠沟指农渠和农沟。田间工程包括：农渠和农沟及其以下各级田间灌排渠沟，灌水沟、畦和格田，井、塘、蓄水池，田间工程配套建筑物，以及农村道路，防护林带，新村规划和土地平整等。

田间工程是灌溉系统的重要组成部分，是灌区农田基本建设的基础工程，是灌区规划的重要内容之一。搞好田间工程规划，对提高灌溉效率，推广先进的灌水技术，实行节约用水，以及合理地利用灌区水土资源和充分发挥灌溉工程效益都有着十分重要的作用。田间工程是实现旱涝保收，建立高标准稳产高产基本农田，实现农业现代化的物质基础，是改善农业生产基本条件的主要环节，也是改善农村经济条件，加速农业发展，实现农业翻番的重要措施和基本途径之一。

一、田间工程规划布置的原则

（1）以当地农业发展规划和地区水利规划为基础，与当地农田基本建设规划相适应。因为田间工程规划是农田基本建设规划的重要组成部分，受当地农业发展规划和地区水利规划的制约。

（2）立足当前，着眼于长远。田间工程规划不应脱离农业生产发展的实际需要，应从灌区当前的实际出发，全面规划。同时，要充分考虑城镇化速度和农业现代化建设的要求，建立长短期目标，分期实施，尽量做到短期能受益，长远又能不断发挥作用。

（3）因地制宜，讲求实效。田间工程规划应从灌区实际出发，采取严格的科学态度，搞好调查研究，力求规划合理，布局恰当。

（4）以治水改土为中心，实行山、水、田、林、路综合治理。通过全面治理，促进灌区农、林、牧、副、渔全面发展。

二、田间工程规划布置的基本要求

（1）要有完善的田间灌排系统。做到灌有渠、排有沟，旱作物田间有畦、沟，水田有格田，配套建筑物齐全。要做到灌排自如，灌水能控制，排水有出路，遇旱能灌，遇涝能排，能有效地控制地下水位，防止渍害和盐碱危害。斗、农渠应尽量采取砌护防渗或尽量采取 U 形渠道，其防渗效果优良，而且还能少占耕地。

（2）土地要平整，配套要齐全。要按农田基本建设和灌溉、耕作、田间管理的要求进行土地平整，灌区沟、渠、路、林、井、塘、池配置合理，尽量扩大田块面积，以适应农业机械化的要求，并提高土地利用率，提高灌水质量，实现山、水、田、林、路的综合配套和综合治理。

（3）要有利于改良土壤，提高土壤肥力。田间工程规划要结合改良土壤，扩大耕地，要合理利用土地，实现农、林、牧、副、渔全面发展。要改善土壤地力条件，增强农业发展后劲，促进作物高产稳产。

（4）工程量小，占地少，效益高，而且管理方便。

三、田间灌排渠沟的布置

田间灌排渠沟是指斗、农渠和斗、农沟以下各级固定的和临时的渠道和沟道及其附属建筑物等和田间灌水沟、畦，是田间工程的主体组成部分和骨架工程。

（一）田间灌排渠沟布置原则

田间灌排渠沟规划布置，除应遵守田间工程规划原则，满足田间工程规划要求外，还应遵循下列原则：

（1）统一规划，统筹安排。田间灌排渠沟的规划布置，应主要根据灌溉的要求，同时，也要考虑排水和控制地下水位的要求。在布置时，需针对灌区的具体情况，对沟、渠、路、林及居民点等进行统一规划，全面安排。田间灌排渠沟的规划布置应与上一级渠沟的布置相适应，应根据自然地形条件，使田间沟渠尽可能平直，还应避免过大的填挖方，以及尽量减少建筑物的数量。

（2）便于灌溉配水，排水通畅及时，方便耕作和田间管理。田间灌溉渠道，应能满足田间灌溉配水的要求；田间排水沟在田间土壤水过多和地下水位过高时，要求排水通畅及时。同时，还应考虑农业技术、耕作机具、田间管理的需要。力求田块方正整齐，大小基本一致，以方便轮作和机耕。

（3）合理利用水资源，尽可能井渠结合。在布置田间灌溉渠道时，应尽量做到井渠结合，地下水、地表水互相调剂。灌区地下水的利用，不仅能补充灌溉用水，而且还可以调控地下水位，预防农田发生渍、盐碱化等灾害。

（4）减少灌溉水量损失，提高灌水质量。规划布置田间灌溉渠道应特别注意渠线尽可能短，渠道底坡不宜过小，固定渠道应尽可能采取防渗措施，并尽量采用 U 形断面。有条件的地区，可采用管道灌溉系统，以提高田间灌溉水有效利用系数。

（二）田间灌排渠沟的布置形式

由于各灌区自然条件不同，田间灌排沟渠的布置形式也有很大差异，必须根据具体情况，因地制宜地进行布置。

1. 平原区和圩垸区田间灌排渠沟的布置

按照灌排渠沟的相对位置和作用不同，主要有以下 3 种基本布置形式：

（1）灌排相邻布置（图 5-1）。其布置特点是沟渠相邻，靠渠挖沟。这种布置形式适用于地形具有单一坡向，灌排方向一致的地区。这种布置形式，斗、农渠只能单方向分水，斗、农沟只能单方向排水。其优点是可以用挖排水沟的土方修筑相邻的灌溉渠道，从而节省土方和修渠挖沟的劳动力。

（2）灌排相间布置（图 5-2）。其布置特点是沟渠相间排列，斗、农渠可以向两侧分水，斗、农沟可以承泄两侧排水。这种布置形式适用于地形平坦或有一定波浪状起伏的地形，这种沟渠双向控制布置形式，灌排效果好，有利于控制地下水位。

上述两种布置形式，都是灌排分开的形式，灌排分开，灌溉和排水可按各自需要分别

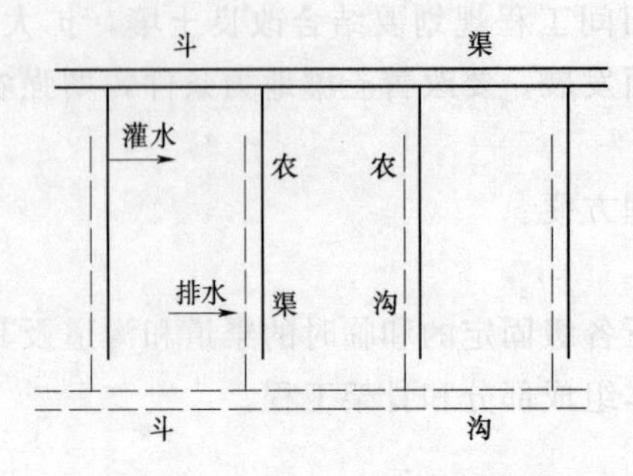

图 5-1　灌排相邻布置示意图

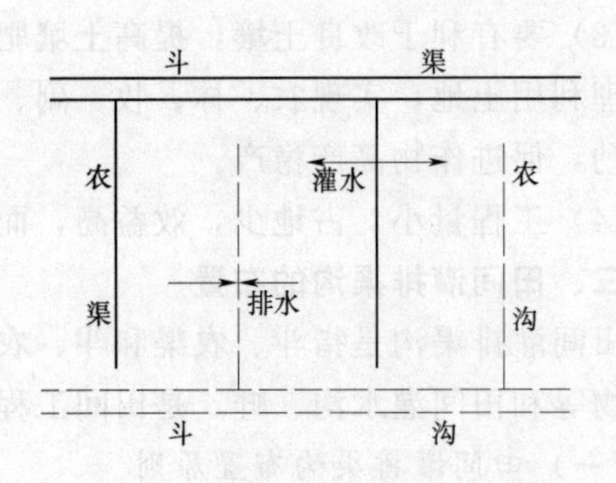

图 5-2　灌排相间布置示意图

控制，互不干扰，有利于及时灌排，有利于防渍除涝和防治盐碱化，也便于管理。因此，在平原区和圩垸区应尽量采用以上两种形式。

（3）灌排合渠（图 5-3）。其布置特点是一渠两用，上灌下排，优点是减少一级沟渠，节省占地和工程量，一般适用于地势较高、地面坡度较陡的地区，或地下水位较低、灌排矛盾较少的地区。南方滨湖圩垸地区也可采用这种形式。但这种布置形式存在着灌排不分，相互干扰，不便于管理等，应尽量不采用。

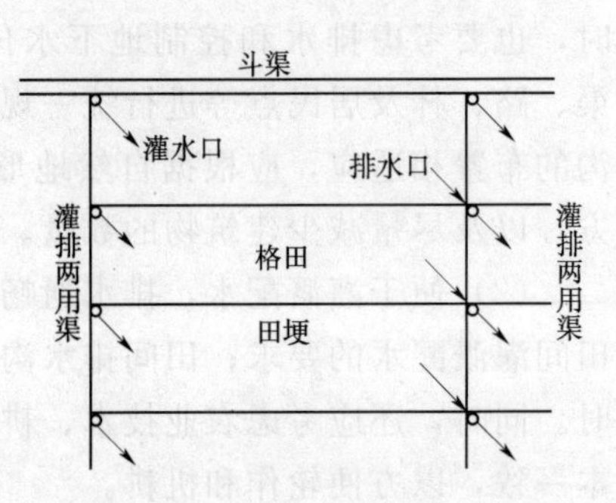

图 5-3　灌排合渠布置示意图

2. 山区、丘陵区田间灌排渠沟的布置

山区、丘陵区地形复杂，沟谷纵横，岗冲交错，地形起伏变化大。一般情况下，干旱是农业生产的主要灾害，而排水条件较好，但山丘之间的冲田，因地势低洼，多雨季节，容易发生洪涝灾害。

山丘区农田可分为岗、塝、冲田等类型。岗田位于山脊，塝田位于坡地，冲田位于两岗之间的低处。山丘区的斗渠一般沿岗脊线布置，农渠垂直等高线布置，塝田多修成梯田，农渠在两梯田之间用跌水衔接，由于塝田地势较高，排水条件较好，所以农渠多是灌排两用。冲田的灌排渠沟布置形式有单向和双向控制两种。当山冲狭长时，可沿冲田地势较高的一侧布置斗渠，冲田的另一侧布置斗沟。当冲田较开阔，两侧地势较高时，可沿冲田两侧布置斗渠，中间布置斗沟，控制两侧排水。山丘区田间灌排渠沟布置的一般形式如图 5-4。

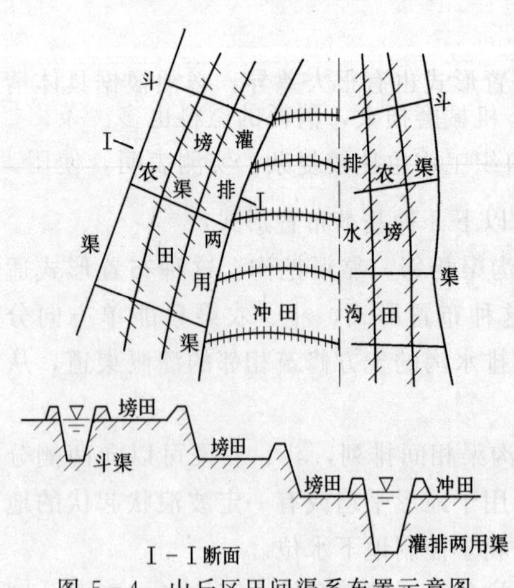

图 5-4　山丘区田间渠系布置示意图

（三）田间灌排渠沟布置的技术标准与规格

田间灌排渠沟包括田间灌溉渠道和田间排水沟道。田间排水沟道的技术标准与规格将在第六章第二节讲，这里只介绍田间渠道的技术标准与规格。

1. 斗渠

斗渠是向农渠或毛渠配水的配水渠道，其控

制的范围是灌区灌溉管理的基本单元，是灌区田间工程规划设计的基础。在我国北方大多数灌区，斗渠控制的面积为200～350hm²，以200hm²左右较适宜，其间距一般为400～800m，长度可达3000m左右。对于平原地区以谷物为主的灌区，斗渠控制面积有时可达450～650hm²。但是，在山丘区，由于地形等条件的限制，斗渠的控制面积、长度和间距有时相差很大。

2. 农渠

农渠是最末一级固定渠道，它承担向毛渠配水的任务，当斗渠控制面积比较大时，一般都需要设农渠，农渠的灌溉面积约20～45hm²，一般以35hm²为宜。农渠间距一般为100～300m，斗渠一侧布置农渠时，农渠长度为400～800m，两侧布置时可因地制宜而定。但是，在山丘区和井灌区，一般斗渠的间距和控制面积较小，这时可由斗渠直接布置毛渠，而不布置农渠。

3. 毛渠

毛渠是从斗渠或农渠引水，是非固定渠道，毛渠的控制面积一般为3.5～25hm²，以10hm²为宜。毛渠的间距为100～400m，毛渠的长度一般为100～600m。

4. 输水沟

输水沟是从毛渠或农渠引水，而向灌水沟、畦配水的临时性田间渠道。在我国北方地区一些大中型灌区，有设一级输水沟，也有设两级输水沟，设两级输水沟，其中一级顺灌水方向布置，控制灌溉面积一般为1～2hm²，以1.5hm²为宜。向一侧供水时，其间距一般为30～50m，两侧供水时，其间距为60～100m，长度一般为100～350m。另一级垂直灌水方向布置，控制面积一般为0.2～0.3hm²，长度一般为50m，其间距即是畦、沟的长度。

四、条田的布置

条田是指最末一级固定渠沟之间的矩形田块。它是进行机械耕作的基本单位，也是田间灌排渠系布置和组织田间灌水、田间管理以及平整土地的基本单元。条田的规格主要指条田的长度、宽度、形状和田面坡度等内容。它的布置应满足以下要求。

1. 应满足机耕的要求

农业机械化耕作要求条田形状方正，此外，还要求条田有一定长度。条田太短，农业机械开行长度小，机械转弯次数多，生产效率低，机械磨损大，消耗的燃料也多。条田控制面积大，则土地平整的工程量大，田间灌水的组织工作也比较复杂。实测表明，使用大型耕作机械的灌区，条田的长度一般以800～1000m为宜，使用小型耕作机械的灌区，一般以300～400m为宜。条田长度小于300m时，农业机械的生产效率显著降低。

2. 应满足田间灌水的要求

在我国北方地区，一般要求每块条田能在1～2天内灌水结束，目的是为了使条田内土壤干湿一致，从而便于及时进行中耕。

3. 应满足田间排水的要求

在易涝、易渍、易产生盐碱化的灌区，条田的规格应满足除涝、防渍、治碱的要求，要保证能根据除涝的要求，及时排除地面径流和地面积水，按照防渍和治碱的要求，将地下水位控制在允许埋深以下，保证作物能正常生长。因此，条田应具有适宜的宽度，一般土质较粘重，地下水位较高，渍害和土壤盐碱化较严重的地区，条田宽度应窄一些、短一些；反之，可宽一些、长一些。

4. 应少占耕地

条田规格过小，则占用耕地多。在条田布置中，应尽可能与渠、路相结合，以便于管理维护，节省耕地。同级灌溉渠道的灌溉面积应尽量相等，以利配水和灌水。

总之，影响条田的因素很多，应根据当地具体情况确定。条田宽度主要根据土壤性质和灌溉与排水的要求确定，一般在灌排相间布置时，条田宽度在100～150m为宜，相邻布置时，条田宽度以200～300m为宜。我国旱作灌区条田规格可参考表5-1。平原灌区，使用大中型机械的条田，其规格可大一些；使用小型机械的，条田的规格应小些；井灌区、山丘区灌区条田的规格应更小，以提高灌水质量和灌溉效率。

表5-1　旱作区条田规格

地　　区	长　　度 （m）	宽　　度 （m）
陕西关中	300～400	100～300
安徽淮北	400～600	200～300
山　东	200～300	100～200
新疆军垦农场	500～600	200～350
内蒙古机耕农场	600～800	200

条田的形状，对于地面灌溉一般应以矩形为主，以有利于农业机具的作业，要尽量避免不规则的形状。

条田地面坡度的大小，也影响灌水质量和灌水效率。田面坡度过陡，灌水易冲刷田面，且灌水不均匀。田面坡度较缓，会因水流速度过慢，产生深层渗漏，浪费灌溉水，增加灌溉成本。适宜的条田田面坡度与土壤类型和灌水方法有关，适宜的条田田面坡度可参看表5-2和表5-3。选表中数值时，最好通过对当地灌溉效果好的田块进行实测，以确定出切合实际的田面纵坡，田面最好没有横坡。

表5-2　沟灌条田适宜田面坡度

<table>
<tr><th>土壤透水性
条田长(m)</th><th>强</th><th>中</th><th>弱</th></tr>
<tr><td>30～40</td><td>$\frac{1}{1000}\sim\frac{1}{500}$</td><td></td><td></td></tr>
<tr><td>40～50</td><td rowspan="2">$\frac{1}{500}\sim\frac{1}{250}$</td><td rowspan="2">$\frac{1}{1000}\sim\frac{1}{500}$</td><td></td></tr>
<tr><td>50～60</td><td rowspan="2">$\frac{1}{1000}\sim\frac{1}{500}$</td></tr>
<tr><td>60～70</td><td></td><td rowspan="2">$\frac{1}{500}\sim\frac{1}{250}$</td></tr>
<tr><td>70～80</td><td></td><td rowspan="2">$\frac{1}{500}\sim\frac{1}{250}$</td></tr>
<tr><td>80～90</td><td></td><td></td></tr>
</table>

条田内部灌溉渠道布置形式主要有两种：

（1）纵向布置（图5-5）。毛渠方向与灌水沟、畦方向一致，灌溉水从毛渠流经输水沟，然后进入灌水沟、畦。毛渠的布置要注意控制有利地形，保证能正常输水。根据具体地形情况，毛渠可布置成双向控制。毛渠一般以垂直等高线布置为好，这样可使灌溉水沿最大地面坡度方向，从而给灌水创造有利条件。但是，地面坡度较大，而又要采用畦灌时，为避免田面被冲刷，毛渠可与等高线斜交布置。

（2）横向布置（图5-6）。毛渠方向与灌水沟、畦方向垂直，灌溉时，水直接从毛渠流入灌水沟、畦，毛渠一般沿等高线布置，以便灌水沟、畦沿地面坡度方向布置，有利于田间灌水。

五、渠、沟、路、林、村的配置

渠、沟、路、林、村是农田基本建设的重要组成部分，在进行田间灌排渠沟的布置时，应同时进行道路、林带、村庄的全面规划布置。通常它们都与农业规划和土地利用规划结合布置。规划中，除满足灌溉和排水要求外，还应有利于灌区的农、林、牧、副、渔的全面发展和当地的生态环境保护。一般要求耕地面积不小于80%～85%，林地面积不小于7%～10%。

表 5-3　畦灌条田适宜田面坡度

畦田长度(m) \ 土壤透水性	井灌区			渠灌区		
	强	中	弱	强	中	弱
10～15	$\frac{1}{2000}\sim\frac{1}{1000}$					
15～20	$\frac{1}{1000}\sim\frac{1}{500}$	$\frac{1}{2000}\sim\frac{1}{1000}$				
20～25	$\frac{1}{500}\sim\frac{1}{300}$	$\frac{1}{1000}\sim\frac{1}{500}$	$\frac{1}{2000}\sim\frac{1}{1000}$			
25～30		$\frac{1}{500}\sim\frac{1}{300}$	$\frac{1}{1000}\sim\frac{1}{500}$			
30～35			$\frac{1}{500}\sim\frac{1}{300}$	$\frac{1}{2000}\sim\frac{1}{1000}$		
35～40				$\frac{1}{1000}\sim\frac{1}{500}$	$\frac{1}{2000}\sim\frac{1}{1000}$	
40～45				$\frac{1}{500}\sim\frac{1}{300}$	$\frac{1}{1000}\sim\frac{1}{500}$	$\frac{1}{2000}\sim\frac{1}{1000}$
45～50					$\frac{1}{500}\sim\frac{1}{300}$	$\frac{1}{2000}\sim\frac{1}{1000}$

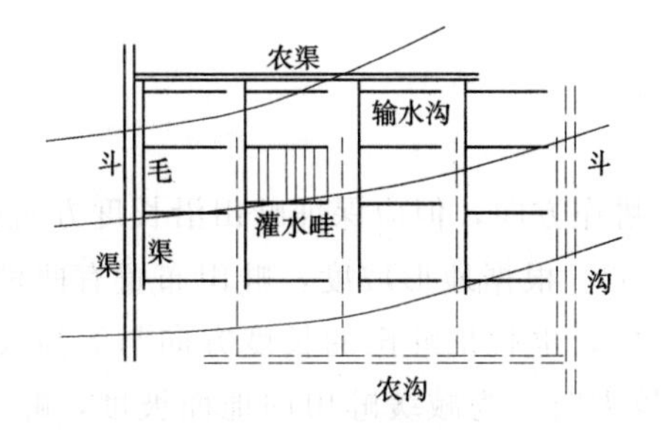

图 5-5　纵向布置示意图

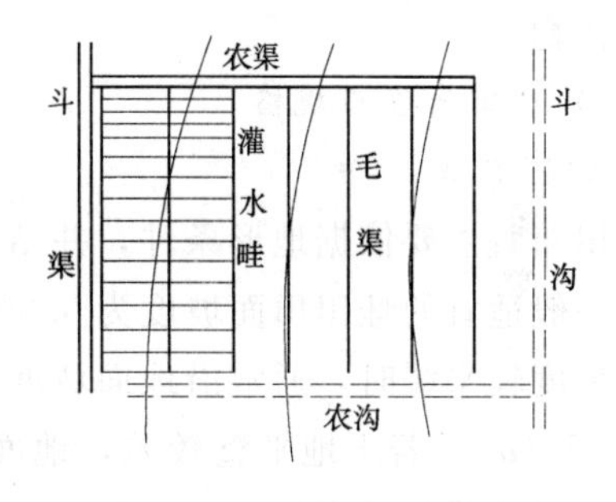

图 5-6　横向布置示意图

田间道路关系到农业发展、灌区管理、交通运输、人民生活和实现农业机械化的需要，规划布置时要做到：

(1) 保证村庄与田间，以及田块之间的交通方便。

(2) 应与渠道、排水沟结合布置。

(3) 尽量少占耕地，减少工程投资。

(4) 便于田间管理，包括灌溉和用水管理。

(5) 田间道路应与城乡骨干道路相连通。

林带的布置，不仅可以发展多种经营，增加灌区收入，而且还能美化环境，调节田间小气候，保持水土，防止沙尘暴危害，这是我国干旱地区有关生态环境保护的重要问题。

一般在渠、沟、路旁和一切可以植树种草的地方栽种林木、花草。可两侧栽种，也可一侧栽种，植树行数、行距和株距要适当，不可过密。一般可在渠道和沟道的两侧植树两行，植树位置应在渠堤顶宽以外0.5m处，排水沟则在沟口外缘0.5m的沟岸上。起防风作用的林带，要垂直主风向布置。要注意经济林与用材林，乔木与灌木，成林与幼林的相互搭配。

第二节 地面灌溉

地面灌溉是指灌溉水通过田间渠道或管道输入田间，水流在田面呈连续薄水层或细小水流沿田面流动，借重力和毛细管作用下渗湿润土壤的灌水方法。它是最古老的灌水方法，也是当前世界上最普遍的农田灌溉技术措施。传统的地面灌溉能充分满足作物的需水要求，对灌水技术要求不高，不需要特殊的专门的设备，投资省，运行费用低。但是，地面灌溉也存在深层渗漏大、灌水有效利用率低、对土地平整要求高等问题。因此，地面灌溉更需要注意改善和提高其灌水技术，以达到节水、省工、高产和低成本的目的。

根据灌溉水向田间输送的方式和湿润土壤的方式不同，地面灌溉可分为畦灌、沟灌和格田灌溉3类。

一、畦灌

畦灌是用临时修筑的土埂将灌溉土地分割成一系列的长方形田块，称畦田，灌水时，灌溉水从输水沟或毛渠引入畦田后，在畦田田面上形成薄的水层，沿畦长方向均匀流动，在流动过程中，靠重力的作用渗入土壤而湿润土壤的灌水方法。畦灌主要适用于灌溉窄行距密播作物。

(一) 畦田布置与规格

1. 畦田布置

畦田布置主要依据地形条件，并结合考虑耕作方向，但应保证畦田沿长度方向有一定坡度，一般适宜的畦田田面坡度为0.001～0.003。根据地形坡度，畦田布置有两种形式，在地面坡度较平缓时，通常沿地面坡度方向布置，也就是畦田的长度方向与等高线垂直，如图5-7 (*a*)。若土地平整较差，地面坡度较大时，为减缓畦田内地面坡度，畦田也可与等高线斜交或与等高线平行，如图5-7 (*b*)。

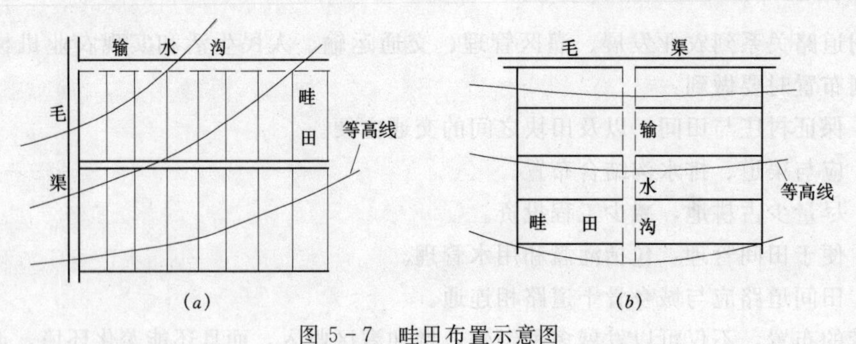

图5-7 畦田布置示意图

(*a*) 畦田与等高线垂直布置；(*b*) 畦田与等高线平行布置

在山丘区，地形比较复杂，应结合当地地形等具体情况，因地制宜地确定畦田布置形式。

2. 畦田规格

畦田规格主要指畦田的长度和畦田的宽度。畦田规格对灌水质量、灌水效率、土地平整，以及对田间渠系的布置形式和密度等影响很大。畦田规格主要与地形和耕作水平等因素有关。

畦宽主要取决于畦田的土壤性质和农业技术要求，以及农机具的宽度。通常，畦宽多按当地农机具宽度的整数倍确定，一般约2～4m，在灌溉水流量小时，为了迅速在整个畦面上形成流动的薄水层，一般畦田的宽度较小，为0.8～1.2m。为了灌水均匀，一般要求畦田田面无横向坡度。

畦长应根据畦田纵坡、土壤透水性、土地平整情况和农业技术措施等合理确定。畦田田面纵向坡度大，土壤透水性弱，畦长宜长些；纵坡小，土壤透水性强，畦长应短些。畦田的长短，应满足畦田灌水均匀，畦埂少占地，便于农机具工作和田间管理。

畦长与土壤质地及地面坡度的关系见表5-4，供参考。但是，若地面坡度较大，而土壤透水性又较弱时，可适当加大畦长，但入畦的单宽流量则需适当减小。反之，要适当缩短畦长，但应适当加大入畦单宽流量，这样，才能灌水均匀，并防止产生深层渗漏。

表5-4　　不同土壤质地及地面坡度的畦长　　单位：m

土质 \ 坡度	<0.002	0.002～0.005	0.005～0.01	0.01～0.02
轻壤土	20～30	50～60	60～70	70～80
砂壤土	30～40	60～70	70～80	80～90
粘壤土	40～50	70～80	80～90	90～100
粘土	50～60	70～80	80～90	100～110

（二）畦灌灌水技术

畦灌的灌水技术要求是在一定的灌水定额情况下，薄层水流由畦首流到畦尾的同时，从畦田表面向下的垂直入渗也将该定额水量全部渗入并在整个田面上下渗水量分布均匀，湿润土壤均匀。为达到灌水均匀，防止深层渗漏，提高灌水质量，必须确定合理的灌水技术要素。

畦灌灌水技术要素主要指畦田规格、入畦单宽流量、放水时间。影响畦灌灌水技术要素的因素有：土壤渗透系数、畦田田面坡度、畦田田面平整程度，以及作物的种植情况等。为使畦中每点渗入土壤的水量都能达到大致一致，湿润土层均匀，要求畦灌灌水技术要素之间应有如下关系。

1. 入渗时间内的灌水量

在需要的入渗时间内，渗入到畦田内土壤中的水量应等于计划灌水定额，即

$$H_t = m \tag{5-1}$$

$$H_t = K_0 t^{1-\alpha} \tag{5-2}$$

式中　H_t——t时间内渗入土壤中的水量，cm；

m——计划灌水定额，cm；

K_0——第一个单位时间内的平均入渗速度，cm/h；

T——放水入渗时间，h；

α——土壤入渗指数。

K_0 和 α 需通过土壤入渗试验确定，若无实测资料，也可采用以下数值：对于弱透水性土壤，采用 $K_0 \leqslant 5$cm/h；强透水性土壤，$K_0 \geqslant 15$cm/h；中等透水性土壤，$K_0 = 5 \sim 15$cm/h。它还随作物生育阶段和灌水次数而变化，例如，河南引黄灌区，实测小麦播前灌水时，$K_0 = 6 \sim 8$cm/h，冬灌至返青灌水，$K_0 = 4 \sim 6$cm/h，灌浆灌水时，$K_0 = 3 \sim 4$cm/h。α 一般采用 0.3～0.8，轻质土壤采用小值，重质土壤采用大值。

地表水在重力和毛细管力作用下，不断向土壤渗入的过程，称为土壤入渗。土壤入渗能力的大小通常用入渗速度表示。入渗速度是指单位时间内渗入土壤中的水量。

地面灌溉中，在灌溉初期，由于地表土壤含水量较低，土壤孔隙多，土壤吸水能力强，所以土壤入渗速度大，随着土壤入渗时间的继续，土壤含水量逐渐增加，入渗速度逐渐减弱。这种土壤入渗速度随时间而变化的过程，称为土壤入渗的渗吸过程，随着土壤入渗继续，土壤基本达到饱和状态时，入渗速度不再随时间而变化，此时的入渗速度称为稳定入渗速度。

土壤入渗速度的大小取决于土壤的孔隙、结构、土壤初始含水量等因素。

由式（5-2），可计算出放水入渗时间：

$$t = (m/K_0)^{1/(1-\alpha)} \tag{5-3}$$

2. 进入畦田的总灌水量

进入畦田的总灌水量应与灌水定额所需要的水量相等，即

$$3600qt = ml \tag{5-4}$$

式中 q——入畦单宽流量，$m^3/(s \cdot m)$；

l——畦长，m；

m——灌水定额，m；

t——放水入渗时间，h。

由式（5-4）可计算出入畦单宽流量，或选定入畦单宽流量后，计算畦长。

通常，在灌溉过程中，灌水定额、土壤性质以及地面坡等均以确定，此时畦灌技术和畦灌设计主要是确定畦长和入畦单宽流量，但还应防止水流对田面土壤的冲刷，从而产生水、土、肥的流失。因此，一般要求畦田上的水流推进速度不超过 0.1～0.2m/s。

3. 灌水要均匀

为保证灌水均匀，就要求畦田上的薄层水流在畦田各点处的停留时间相等，从而使畦田各点渗入土壤中的水量大致相等。为此，沿畦田长度方向土壤湿润的均匀性主要取决于畦田首、尾各断面处湿润水量的差异，这就需要正确控制畦口的放水时间和入畦流量。

在畦灌时，通常采用在畦首控制放水时间，及时封口改水的方法。也就是当薄层水流到达畦长的一定距离时就封堵该畦田入水口，并改水灌溉另一个畦子。例如，水流流至畦长的 90%时，封口改水，即为九成改水。封口后的畦田，畦口虽已停止供水，但畦田田面上的水流仍将向畦尾流动，流至畦尾再经过一定时间，畦尾水刚好全部渗入土壤，以使整个畦田湿润土壤达到灌水定额。

改水成数应根据灌水定额、地面坡度、土壤性质、畦长以及单宽流量等确定，当土壤透水性较小，畦田田面坡度较大，灌水定额不大时，可采用七成或八成改水。若畦田田面坡度小，土壤透水性强，灌水定额较大时，应采用九成改水。封口过早，会使畦尾灌水不足，甚至无水；封口过晚，畦尾又会出现积水现象，造成水量浪费。在一般土壤条件下，畦长50m时，宜采用八成改水，畦长30～40m时，宜采用九成改水，畦长小于30m，应采用十成改水。

【例5-1】 某灌区，小麦采用畦灌，已知小麦拔节期的灌水定额为600m³/hm²（即40m³/亩或6cm），其畦田规格为畦长50m，畦宽3m。经土壤入渗试验测定，该畦田第一个小时内平均入渗速度为$K_0=10\text{cm/h}$，$\alpha=0.5$，现需要确定本次灌水需采用多大的入畦单宽流量？放水时间是多少？

解：根据式（5-3），可求出放水时间为

$$t=\left(\frac{m}{K_0}\right)^{1/(1-\alpha)}=\left(\frac{6}{10}\right)^{1/(1-0.5)}=0.36\ \text{h}$$

根据式（5-4），可求出入畦单宽流量为

$$q=\frac{ml}{3600t}=\frac{0.06\times 50}{3600\times 0.36}=0.0023\ \text{m}^3/(\text{s}\cdot\text{m})=2.3\ \text{L}/(\text{s}\cdot\text{m})$$

（三）节水型畦灌技术

传统畦灌灌水技术与一些先进的灌水技术相比较，存在灌水量大、灌水质量不高等许多不足。近年来，许多灌区，本着节约灌溉用水，提高灌水质量，降低灌水成本，推广应用了许多项先进的节水型畦灌灌水技术，取得了明显的节水和增产效果。

1. 水平畦灌

水平畦灌是田块纵向和横向两个方向的田面坡度均为零时的畦田灌水方法。水平畦灌要求畦田引入流量大，以便进入畦田的水流能在很短的时间内迅速覆盖整个畦田田面。水平畦灌具有灌水技术要求低，深层渗漏小，水土流失少，方便于田间管理和适宜于机械化耕作等优点。因此，在美国等国家得到较广泛应用。

（1）水平畦灌的主要特点。①畦田田面各方向的坡度很小，一般小于1/3000，整个畦田田面可看成水平田面，因此，畦田田面上薄层水流是借助于薄层水流沿畦田流程上水深变化所产生的水流压力向前推进。②进入畦田的流量很大，以保证薄层水流能在短时间内迅速布满整个畦田。③由于水平畦田首尾两端地面高差很小或为零，因此，对水平畦田田面的平整程度要求很高，一般情况下，水平畦田不会产生畦田首端入渗水量不足及畦田末端发生深层渗漏的现象，灌水均匀度高。在土壤入渗速度较低的条件下，田间水利用率可达98%以上。④水平畦灌适用于所有种类作物和各种土壤条件。包括小麦等密播作物、玉米、棉花等宽行作物以及树木、蔬菜等。水平畦灌尤其适用于土壤入渗速度比较低的粘性土壤。与传统畦灌相比较，一般水平畦灌可节水20%以上。

（2）水平畦灌的技术要求。水平畦灌对土地平整的要求很高，过去采用传统的土地平整测量方法和平整工具，既费工也很难达到精确的平整要求。国外应用带有激光控制装置的铲运机进行土地平整，效果较好。其工作原理是：在田块中间或一端设置激光发生器，在铲运机上安装激光信号接收装置，激光发生器按设计要求发射出一束水平或与水平成所

需要角度的激光光束，铲运机在激光束的指导下，自动调节铲刀高度，并在行进过程中，或将地面高处铲平，或将低处地面填土整平。

根据水平畦田地块原有平整程度的好坏，可进行初平和精平。若原畦田田面起伏较大，就需要用初平机械先将田面大致整平，然后再进行精平。激光平整机械具有较高的效率和平整精度，如美国生产的CAM3C0激光平地机，功率为132.3kW，每台班可以精平5～15hm^2的土地，能完成2500～5000m^3的平地土方量，其平整精度可达到的最大误差在±3cm以内。

水平畦灌的灌水技术要素也是畦田规格、单宽流量和灌水时间。但这些技术要素不能用传统畦灌理论和方法确定，需应用简化的流体力学模型，借助于计算机求解。

2. 小畦灌灌水技术

小畦灌灌水技术是指畦田“三改”灌水技术，即“长畦改短畦，宽畦改窄畦，大畦改小畦”的畦灌灌水技术。

小畦灌的畦田宽度，自流灌区为2～3m，井灌区为1～2m。地面坡度1/400～1/1000时，单宽流量为2.0～4.5L/s，灌水定额为300～675m^3/hm^2（即20～45m^3/亩）。自流灌区畦长一般为30～50m，最长不超过70m，井灌区和高扬程提水灌区一般在30m左右。

与传统畦灌相比小畦灌主要有以下优点：

（1）节约用水，易于实现小定额灌水。试验表明，灌水定额随畦长的增加而增加，畦长越长，畦田水流的入渗时间越长，因而灌水量也越大。因此，缩短畦长，能达到节约水量的目的。

（2）灌水均匀。由于田块小，水流比较集中，水量易于控制，入渗比较均匀。据测试，畦长在30～50m时，灌水均匀度均在80%以上，符合灌水均匀的要求，而畦长大于100m时，灌水均匀度则达不到80%的要求。

（3）防止深层渗漏，提高水的利用率。小畦灌深层渗漏量小，减少水量浪费，另外，对防渍和土壤盐碱化有利。

（4）宜保持水土。传统畦灌由于畦块大，畦田长，则灌水量大，宜冲刷土壤，易使土壤养分随深层渗漏而损失。小畦灌灌水量小，有利于保持土壤结构和土壤肥力，促进作物生长。

3. 长畦分段灌水技术

小畦灌灌水技术需要增加田间输水沟，畦埂也较多，占地较多。近年来，在北方干旱缺水地区，出现了将一条长畦分成若干个没有横向畦埂的短畦，采用地面纵向输水沟或塑料软管，将灌溉水输送到畦田，然后自上而下或自下而上依次逐段向短畦内灌水，直至全部短畦灌完，这种灌水技术称为长畦分段灌水技术。

长畦分段灌水技术的畦宽可以宽至5～10m，畦长可达200m以上，一般在100～400m，但入畦单宽流量并不增大，这种灌水技术的要求是：正确确定入畦流量，分段开口的间距和分段改水的时间。

长畦分段灌水技术的要素见表5-5，仅供参考。

正确应用长畦分段灌水技术，可达到省水、省地、省工、灌水均匀度高、灌水有效利用率高的目的。长畦分段灌水技术具有以下优点：

（1）灌水均匀度高，田间水利用率高。长畦分段灌水技术灌水均匀度和田间水有效利用率均大于80%～85%。且随畦长而增加，与畦田长度相同的常规畦灌相比较，可省水40%～60%。

（2）占地少。长畦分段灌水技术可省去一至两级田间输水沟。

（3）与常规畦灌相比较，可以较灵活地适应地面坡度的变化，可以采用较小的单宽流量。

（4）因田间无横向畦埂或沟渠，方便机耕和采用其他先进的耕作技术。

表5-5　长畦分段灌水技术要素表

序号	输水沟流量(L/s)	灌水定额(mm)	畦长(m)	畦宽(m)	单宽流量[L/(s·m)]	单畦灌水时间(min)	长畦面积(亩)	分段长度×段数
1	15	40	200	3	5.00	40.0	0.9	50×4
			200	4	3.76	53.3	1.2	40×5
			200	5	3.00	66.7	1.5	35×6
2	17	40	200	3	5.67	35.0	0.9	65×3
			200	4	4.25	47.0	1.2	50×4
			200	5	3.40	58.8	1.5	40×5
3	20	40	200	3	3.67	30.0	0.9	65×3
			200	4	5.00	40.0	1.2	50×4
			200	5	4.00	50.0	1.5	40×5
4	23	40	200	3	7.67	26.1	0.9	70×3
			200	4	5.76	34.8	1.2	65×3
			200	5	4.60	43.5	1.5	50×4

由于长畦分段灌水技术具有上述优点，因此，在我国北方得到较普遍的推广和应用。例如，山东省蓬莱市小麦种植面积23345hm^2，小麦平均畦田长度为166m，畦长200m以上的畦田占40.7%，畦长最长为300～400m。据当地计算，长畦分段灌水每次灌水要比常规畦灌省水300m^3/hm^2，全市一次灌水就可省水500万m^3。小麦全生育期以灌水4次计，则可省水2000万m^3，节水效果十分明显。

二、沟灌

沟灌是在作物行间开挖灌水沟，灌溉水由输水沟或毛渠进入灌水沟后，在流动的过程中靠毛细管力和重力的作用渗入土壤而湿润土壤。由于沟灌靠毛细管力和重力作用湿润土壤，因此，沟灌灌水后对作物根部土壤的破坏较小，可以保持根部土壤疏松，通气良好。在雨季，沟灌还可以利用灌水沟汇集地面径流，并及时进行排水。

沟灌适用于灌溉宽行作物。适宜于沟灌的地面坡度一般在0.005～0.02之间，地面坡度不宜过大，否则，容易使土壤湿润不均匀。

（一）灌水沟的布置及规格

1. 灌水沟的布置形式

依地形坡度大小，灌水沟可分为顺坡沟和横坡沟，顺坡沟沿地面坡度方向布置，基本上垂直等高线。横坡沟是在地面坡度较大时，为使灌水沟能获得适宜的比降，以利于在田间自流灌水，而使灌水沟与地面坡度方向呈锐角。

2. 灌水沟的规格

灌水沟的规格主要指灌水沟的间距，灌水沟的长度和灌水沟的断面结构等。灌水沟规格是否合理，直接影响灌水质量、灌水效率、土地平整工作量等，灌水沟的规格应根据田间试验资料和群众的实践经验分析确定。

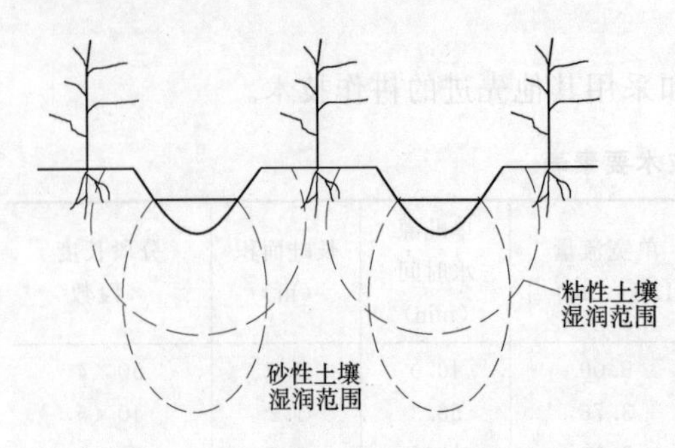

图 5-8　灌水沟土壤湿润范围示意图

灌水沟的间距应和沟灌的湿润范围相适应，并应满足农业耕作的要求。沟灌灌水时，灌溉水沿灌水沟向土壤入渗时，受重力和毛细管力两种力的影响，因此，沿灌水沟断面不仅有纵向渗入，同时也有横向渗入，灌水沟纵、横两个方向浸润范围主要取决于土壤的透水性与灌水沟中的水深，以及灌水沟中水流的时间长短。由于轻质土壤毛细管力比较弱，灌溉水侧渗距离较小，其湿润土壤范围呈长椭圆形。重质土壤毛细管力较强，灌溉水侧渗距离较大，其土壤湿润范围呈扁椭圆形，如图 5-8 所示。

为了使土壤湿润均匀，灌水沟的间距应保证浸润范围相互连接。因此，在透水性较强的轻质土壤中，灌水沟的间距应窄些；透水性较弱的重质土壤，其沟距应适当加宽。不同土质条件下的灌水沟间距见表 5-6。

灌水沟的间距确定还应考虑作物的种植情况，在一般情况下，应尽可能与作物种植方向一致，作物种类和品种不同，其所要求的行距也不同。在生产实践中，若根据土壤质地确定的灌水沟间距与作物的行距不相适应，应结合当地的具体情况，考虑作物行距要求，适当调整灌水沟的间距。

表 5-6　不同土质条件下的灌水沟间距

土　质	轻质土壤	中质土壤	重质土壤
间距（cm）	50～60	65～75	75～80

灌水沟的长度与土壤的透水性和地面坡度有直接关系。一般情况下，地面坡度较大，土壤的透水性较弱，灌水沟的长度可长些；否则，应短些。根据灌溉试验结果和生产实践经验，一般砂性土上灌水沟长在 30～50m，粘性土上的沟长在 50～100m。

灌水沟的断面形状一般为梯形和三角形。其深度和宽度应依据土壤类型、地面坡度以及作物的种类等确定。对于棉花，因行距较小（一般行距 0.55m），要求小水浅灌，可采用三角形断面；对于玉米，因行距较宽（一般行距 0.7～0.8m），灌水量较大，多采用梯形断面。梯形断面的灌水沟，上口宽为 0.6～0.7m，沟深 0.2～0.25m，底宽 0.2～0.3m；三角形断面的灌水沟，上口宽为 0.4～0.5m，沟深 0.16～0.2m。

（二）沟灌灌水技术要求

沟灌灌水技术主要是控制和掌握灌水沟长度及入沟流量。沟长及入沟流量都与土壤的透水性、地面坡度、灌水定额以及灌水沟的形状有关。沟灌在灌水停止后，其沟中水流除在灌水期间渗入到土壤中的一部分水量外，还在沟中存蓄一部分水量。其灌水技术要素之间应满足以下关系：

（1）计划灌水定额应等于在 t 时间内渗入土壤中的水量与灌水停止后在沟中存蓄的水量之和，其计算式为

$$maL = (b_0 h + P_0 \overline{K}_t t)L \tag{5-5}$$

式中 h——灌水沟中平均蓄水深度，m；

a——灌水沟的间距，m；

m——灌水定额，m；

L——沟长，m；

b_0——灌水沟中的平均水面宽度，m；

P_0——t 时间内灌水沟的平均有效湿润周长，m；

t——灌水时间，h；

$\overline{K}_t$——t 时间内的土壤平均入渗速度，m/h。

（2）灌水沟的沟长与地面坡度及沟中水深的关系，如式（5-6）：

$$L = \frac{h_2 - h_1}{i} \tag{5-6}$$

式中 h_1——灌水停止时灌水沟的沟首水深，m；

h_2——灌水停止时灌水沟的沟尾水深，m；

i——灌水沟的坡度。

（3）当灌水沟的沟长与入沟流量已知时，灌水时间可由下式求得

$$qt = maL \tag{5-7}$$

$$t = \frac{maL}{q} \tag{5-8}$$

式中 q——灌水沟流量，m^3/s。

由上述可看出，在地面坡度小，土壤透水性强，土地平整较差时，灌水沟应短些，入沟流量应大些，以保证灌水均匀；反之，灌水沟应长些，入沟流量应小些。不同土壤、灌水定额和地面坡度等条件下的灌水沟长度见表5-7，入沟流量一般为0.5～3.0L/s。

表5-7　不同土壤、灌水定额和地面坡度等条件下的灌水沟长度　单位：m

地面坡度 \ 灌水定额（m^3/亩）	粘壤土			中壤土			轻壤土		
	25	30	35	25	30	35	25	30	35
0.001	30	35	45	20	25	35	20	25	30
0.001～0.003	35	40	60	30	40	55	30	45	50
0.004	50	65	80	45	60	70	45	50	60

为使入沟流量适当，可根据田间毛渠或输水沟的流量大小，调整同时开口放水的灌水沟的数目。

（三）节水型沟灌技术

目前，节水型沟灌技术有很多，但较常用的是细流沟灌技术。细流沟灌是用短管或从输水沟上开一小孔引水，流量较小，灌水沟内水深一般不超过沟深的1/2，约为1/5～2/5

沟深。细流沟灌在灌水过程中，水在灌水沟内，边流动边下渗，一般放水停止后沟内不会形成积水。

细流沟灌由于沟内水浅，流动缓慢，主要借助毛细管作用浸润土壤，所以不易破坏土壤结构。细流沟灌与传统沟灌相比较，可减少蒸发损失量2/3～3/4。另外，细流沟灌湿润土层均匀。

细流沟灌灌水技术要素可选用：

(1) 入沟流量控制在0.2～0.4L/s为宜，大于0.5L/s时沟内将产生严重冲刷，湿润均匀度差。

(2) 沟长。中、轻壤土，地面坡度在0.01～0.02时，一般控制在60～120m。

(3) 沟宽、沟深和间距。一般沟底底宽为12～13cm，上口宽为25～30cm，深度约8～10cm，间距60cm。

(4) 放水时间。细流沟灌主要借毛细管力作用下渗，对于中、轻壤土，一般采用十成改水。

三、格田灌溉

格田灌溉是在水稻格田的田面上保持一定深度的水层，水在重力作用下不断渗入土壤而湿润土壤。

格田的布置力求整齐，其长边尽量与等高线平行，以利于灌水和减少平整土地的工作量。格田灌溉要求田面水层深浅一致，排水落干时田面不留水层。因此，格田的田面必须平整，田面坡度应小于0.001，最好为0.0005，格田内的水深相差不允许大于5cm。

格田的长度、宽度和面积根据地形、土质、地面坡度而定，还应考虑便于机耕、土地平整工作量小、田面水层均匀等要求。灌排相间布置时，长度一般为100～150m，灌排相邻布置时，长度一般为200～300m，格田的宽度一般为15～20m。山丘区地形复杂，地面坡度大，格田的长度和宽度应小些，格田面积一般为1～3亩，平原区面积一般为3～5亩。格田田埂一般高20～40cm，顶宽30～40cm。

为使田面水层均匀，格田的长度可按下式计算

$$l=\frac{h_2-h_1}{i}\leqslant\frac{0.5h_0}{i} \tag{5-9}$$

式中 i——格田纵坡；

h_1、h_2、h_0——格田上、下端及中间处的水层深度。

为了在格田内建立淹灌水层，进入格田的流量应为

$$q=\frac{\omega}{t}(h_0+\overline{K}_t t) \tag{5-10}$$

式中 q——进入格田流量，m^3/h；

ω——格田面积，m^2；

$\overline{K}_t$——t 时间内的平均土壤渗吸系数，m/h；

t——格田灌水时间，h。

格田灌溉节水的主要途径是改变灌溉制度，通过推广湿润灌溉和水稻旱种，能大量节省灌溉用水量。

第三节　常用节水灌溉技术简介

我国是一个水资源严重短缺的国家，水的供需矛盾已成为制约我国工农业生产发展的瓶颈，改革落后的农田灌溉方法，推广先进的节水灌溉技术，大幅度提高水的利用率，是缓解水资源供需矛盾，保证国民经济可持续发展的一个重要条件。本节主要介绍各种节水灌溉技术的特点、组成等。

一、微灌技术

微灌是通过低压管道系统将灌溉水和含有化肥或农药的水溶液输送到田内，然后通过灌水器变成细小的水流或水滴，直接送到作物根区附近，均匀、适量地灌于作物根部土壤中的灌水方法。微灌包括滴灌、微喷灌、涌泉灌、小管出流灌等，它是当今世界上用水量最省、灌水质量最好的现代灌溉技术。微灌主要用于果树、蔬菜、花卉及其他经济作物的灌溉。

（一）微灌的特点

1. 优点

（1）省水。微灌系统由管道输水，渗漏和蒸发损失很少；微灌属于局部灌溉，灌水时只湿润作物根部附近的部分土壤，灌水流量小，不易发生深层渗漏。因此，一般比地面灌溉省水30%～50%，比喷灌省水15%～25%。

（2）灌水均匀。微灌系统能有效地控制每个灌水器的出水量，灌水均匀度高，一般可达80%～90%。

（3）增产。微灌能适时适量地向作物根区供水供肥，不破坏土壤结构，湿润区土壤水、热、气、养分状况良好，为作物生长提供了良好的条件，因此，能提高作物的产量和质量。实践表明，微灌较其他灌水方法一般可增产30%左右。

（4）对土壤和地形的适应性强。微灌可根据土壤情况调节灌水速度，使其不产生地面径流或深层渗漏。由于微灌是管道输水，因此适应各种地形条件。

（5）节能。微灌工作压力很低，一般为50～150kPa，比喷灌低；又因微灌比地面灌溉省水，灌水利用率高，对提水灌溉来讲，就意味着减少了能耗。

（6）节省劳动力和耕地。微灌系统不需平整土地，不需修筑田间渠、畦等，还可实现自动控制，因此可节省劳动力和少占耕地。

2. 缺点

（1）易于堵塞。因灌水器出水孔很小，极易堵塞，灌水器的堵塞是微灌应用中最主要的问题，严重时会使整个系统无法正常工作。

（2）有可能限制根系的发展。由于微灌只湿润部分土壤，加之作物根系有向水性，这样就会引起作物根系集中向湿润区生长。

（3）造价一般较高。微灌需要大量设备、管材、灌水器，所以造价较高。

（二）微灌系统的组成

微灌系统通常由水源、首部枢纽、管道系统和灌水器4部分组成，其形式见图5-9。

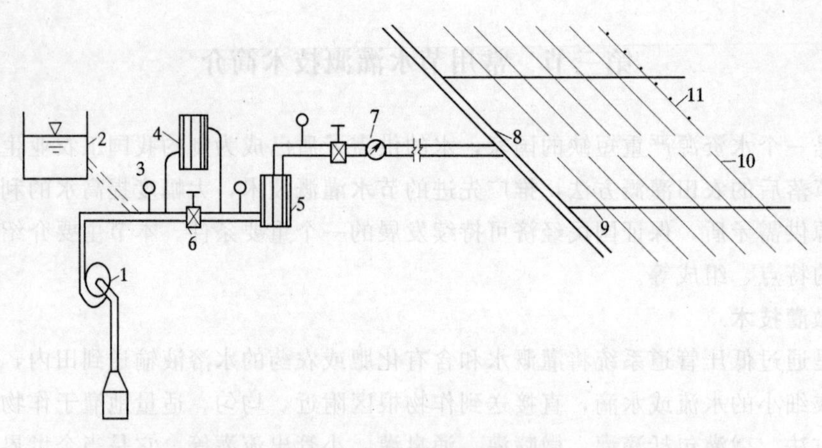

图 5-9　微灌系统示意图

1—水泵；2—蓄水池；3—压力表；4—施肥罐；5—过滤器；6—阀门；
7—水表；8—干管；9—支管；10—毛管；11—灌水器

1. 水源

只要水质和水量符合微灌要求，河流、湖泊、井泉等均可作为微灌水源，为了充分利用各种水源进行灌溉，往往需修建引水、蓄水工程。

2. 首部枢纽

微灌工程首部枢纽一般由水泵、动力设备、控制闸阀及测量装置、施肥罐及过滤器等组成。水泵、动力设备的选型参看《水泵和水泵站》，控制闸阀及测量装置包括阀门、流量表、压力表、进排气阀等，施肥罐主要通过一定的压差，将罐体内的肥料压入输水管网中进行施肥。过滤器主要滤除水中的污物和杂质，常见的过滤器的形式主要包括离心式过滤器、砂石过滤器和筛网过滤器，图 5-10 为筛网过滤器结构原理图。

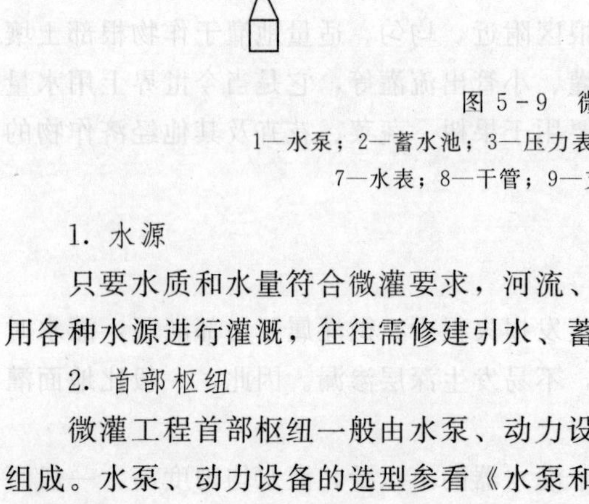

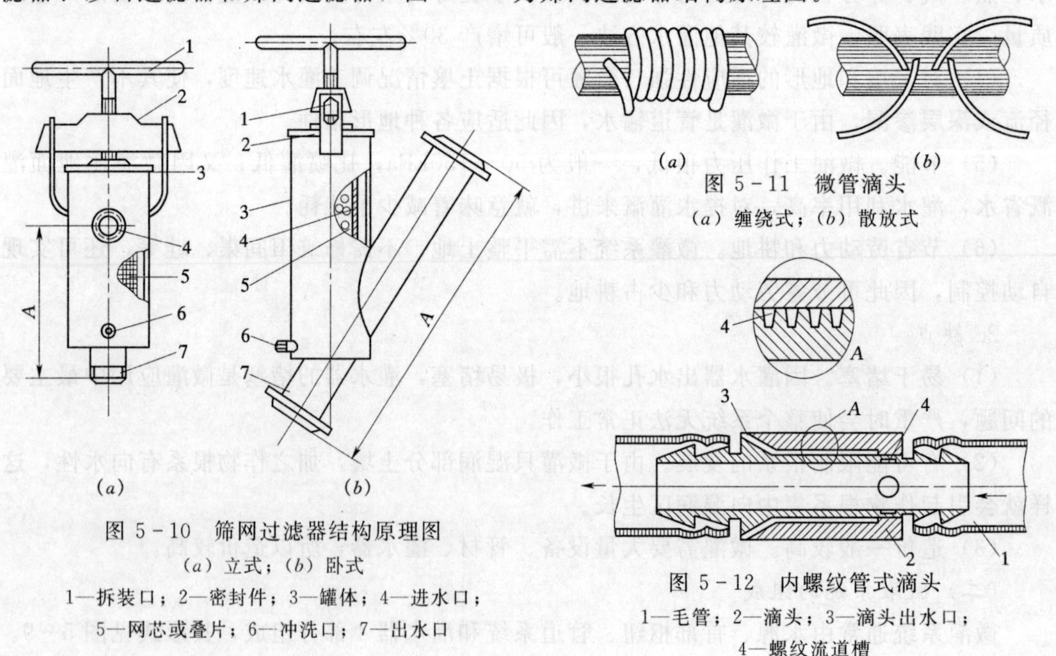

图 5-10　筛网过滤器结构原理图

(a) 立式；(b) 卧式

1—拆装口；2—密封件；3—罐体；4—进水口；
5—网芯或叠片；6—冲洗口；7—出水口

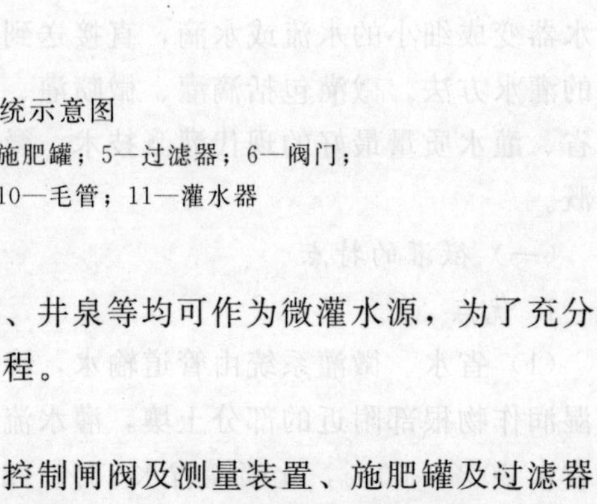

图 5-11　微管滴头

(a) 缠绕式；(b) 散放式

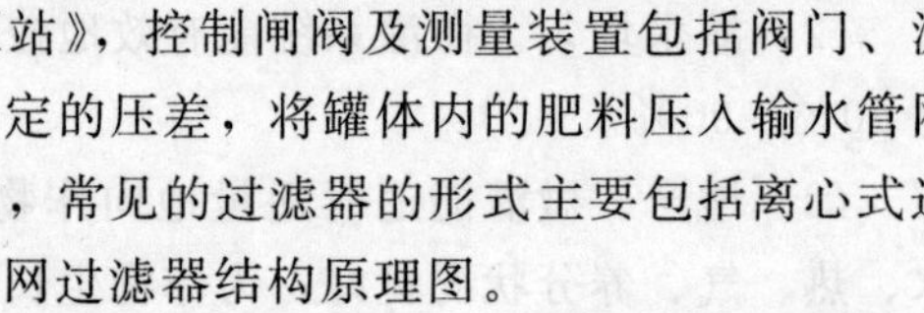

图 5-12　内螺纹管式滴头

1—毛管；2—滴头；3—滴头出水口；
4—螺纹流道槽

3. 管道系统

管道系统一般包括干、支、毛三级管道。通常干、支管埋于地下，毛管在地上。

4. 灌水器

微灌的灌水器安装在毛管上或通过小管与毛管连接，又有滴头、微喷头等形式。滴头常用塑料压注而成，工作压力约为100kPa，流量在0.6～1.2L/h范围内。常用的滴头形式包括微管滴头、管式滴头、孔口滴头以及滴灌带等，结构形式如图5-11、图5-12、图5-13、图5-14。

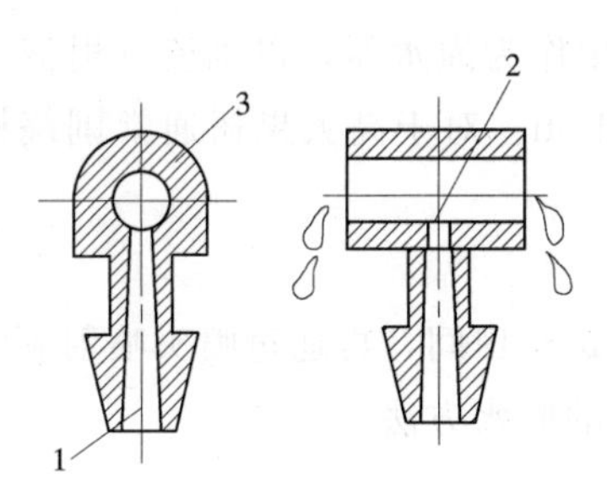

图5-13 孔口形滴头

1—进口；2—出口；

3—横向出水道

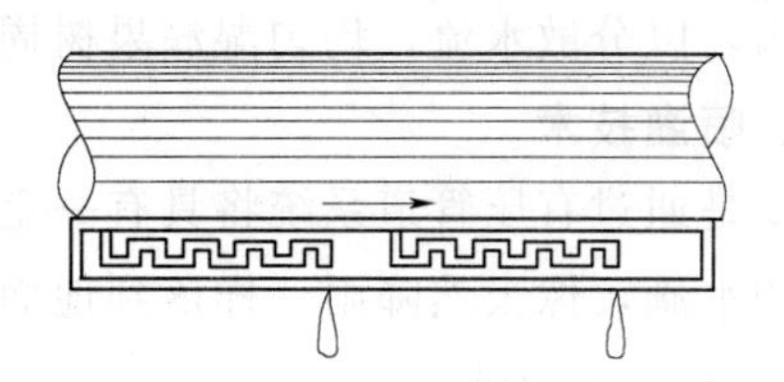

图5-14 薄壁滴灌带

微喷头工作压力一般小于300kPa，但喷头流量不大于300L/h，多数用塑料压注而成，其形式主要有射流旋转式（图5-15）、折射式（图5-16）、离心式和缝隙式等，其构造都比较简单。

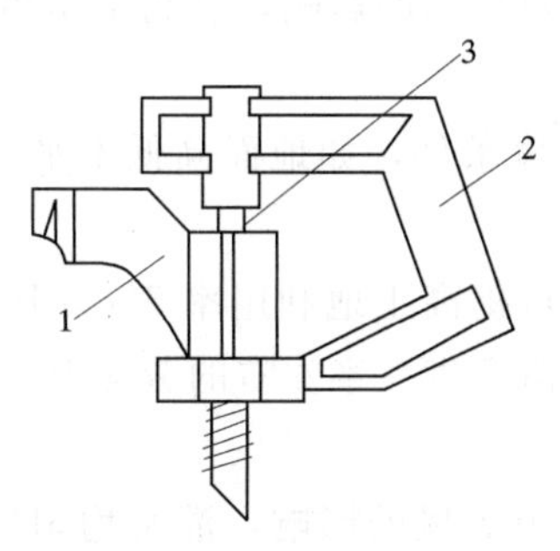

图5-15 射流旋转微喷头

1—旋转折射管；2—支架；

3—喷嘴

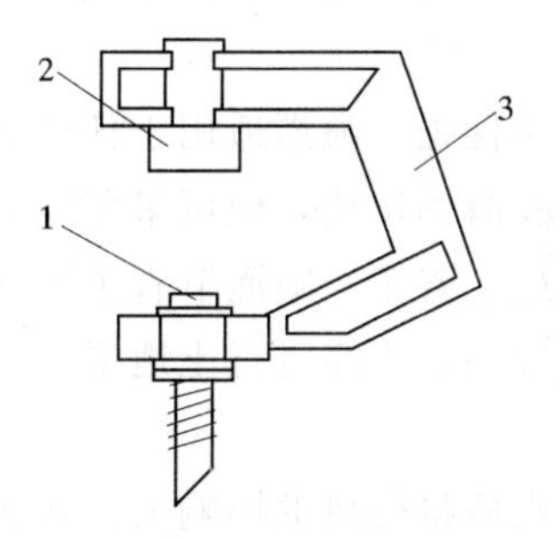

图5-16 折射式微喷头

1—喷嘴；2—折射锥；

3—支架

（三）微灌系统的分类

微灌常按选用灌水器的不同进行分类，可分为以下几种类型。

1. 滴灌

滴灌是通过滴头将水一滴一滴均匀而缓慢地滴在作物根区土壤中进行局部灌溉的灌水形式。它是目前干旱缺水地区最有效的一种节水灌溉方式，其水的利用率可达95%。

按管道的固定程度，滴灌可分为固定式、半固定式和移动式3种形式。固定式滴灌，其各级管道和滴头的位置在灌溉季节是固定的，其优点是操作简便、省工、省时、灌水效率高、效果好，但设备利用率低，投资比半固定式、移动式高。半固定式滴灌，其干、支管在灌溉季节是固定的，而毛管和滴头是可移动的。移动式滴灌，其各级管道和滴头在灌溉季节均是可移动的，其特点是设备利用率高，投资省，但用工较多。

2. 微喷灌

微喷灌是利用微喷头将水喷洒在土壤或作物表面进行局部灌溉。它是新发展起来的一种灌溉形式，与喷管相比，具有工作压力低，节省设备投资和能源，可结合施肥、提高肥效等优点；与滴灌相比，大大降低了堵塞的可能性。

3. 小管出流灌

小管出流灌溉是利用 $\phi 4$ 的小塑料管与毛管连接作为灌水器，以细流（射流）状局部湿润作物附近土壤，小管灌水器的流量为 80～250L/h。对于高大果树通常围绕树干修一渗水小沟，以分散水流，均匀湿润果树周围土壤。

二、喷灌技术

喷灌是通过有压管道系统将具有一定压力的水送至田间，再通过喷头喷射到空中，散成细小的水滴，像天然降雨一样落到地面湿润土壤的灌水方法。

（一）喷灌的特点

1. 优点

（1）灌水均匀，灌水量省。喷灌灌水均匀度可达 80%～90%，喷灌因管道输水，灌水过程中不产生深层渗漏，水的利用率一般可达 60%～85%，与地面灌溉相比较，一般可省水 20%～30%。

（2）增产。喷灌灌水及时，能有效地调节土壤水分，使土壤水、肥、气、热状况良好，并能调节田间小气候，防止或减小灾害性天气对作物的影响，有利于作物生长，一般可增产 10%～20%。

（3）适应性强。喷灌适用于任何地形条件和土壤条件，如地面高低不平、砂性土壤、不适合地面灌溉的田块，但可采用喷灌。

（4）省地、省工。喷灌节省了田间渠系占地，可提高土地利用率 7%～10%，喷灌自动化程度比较高，不需进行土地平整，可比地面灌溉节省一半左右的劳动力。

2. 缺点

（1）灌水质量受风的影响大。在多风的季节，由于风的影响，灌水均匀度大大降低，水的漂移损失大，水的利用系数和灌水均匀度降低。

（2）喷灌需要一定的设备和管材，投资较多。

（3）喷灌系统需要较高的工作压力，因此耗能较大。

（二）喷灌系统的组成

喷灌系统一般由水源、水泵及动力设备、管道系统和喷头组成。如图 5－17 所示。

1. 水源

河流、湖泊、塘坝、井泉等均可作为喷灌水源，但其水质、水量必须满足灌溉要求。

2. 水泵及动力设备

水泵是用来对灌溉水进行加压的，常用的有离心泵、潜水电泵等。动力设备一般用柴油机和电动机，其功率要与水泵相配套。

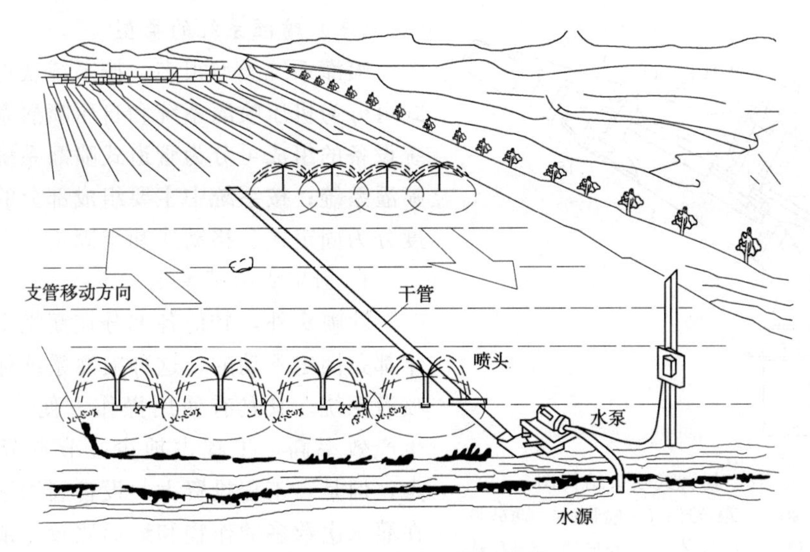

图 5-17 喷灌系统示意图

3. 管道系统

管道系统的作用是将有压水输送给喷头，一般包括干管、支管和竖管及相应的控制设备、量测设备以及各种连接件等，常用的管材有塑料管、钢管、铸铁管、薄壁铝管等。

4. 喷头

喷头的作用是将灌溉水喷射到空中，形成细小的水滴。喷头的种类很多，按其工作压力及控制范围大小，可分为低压喷头（近射程喷头）、中压喷头（中射程喷头）、高压喷头（远射程喷头）。

各类喷头工作压力和射程范围见表 5-8。按喷头结构形式、水流性状可分为旋转式、固定式、孔管式 3 种。

表 5-8　　喷头分类表

项　　目	低压喷头（近射程喷头）	中压喷头（中射程喷头）	高压喷头（远射程喷头）
工作压力（kPa）	100～300	300～500	>500
流量（m^3/h）	2～15	15～40	>40
射程（m）	5～20	20～45	>45

旋转式喷头一般由喷嘴、喷管、粉碎机构、转动机构、扇形机构等部分组成，又包括摇臂式喷头、叶轮式喷头和反作用式喷头等，最常用的是摇臂式喷头，其结构如图 5-18。

固定式喷头的特点是，在整个喷灌过程中，喷头的所有部件都是固定不动的，喷洒时水流以全圆或扇形同时向外散射，其优点是结构简单，工作可靠，缺点是射程小，喷灌强度大，水量分布不均。固定式喷头又有折射式、缝隙式、离心式等形式，折射式喷头结构如图 5-19。

孔管式喷头由一根或几根直径较小的管子组成，在管子的顶部分布有一些小的喷水孔，其结构如图 5-20。

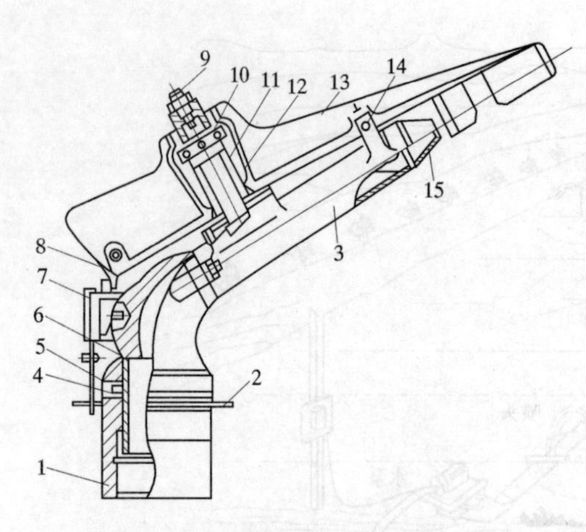

图 5-18　摇臂式喷头结构图

1—空心套轴；2—限位环；3—喷管；4—防砂弹簧；5—弹簧罩；6—喷体；7—换向器；8—反转钩；9—摇臂调位螺钉；10—弹簧座；11—摇臂轴；12—摇臂弹簧；13—摇臂；14—打击块；15—喷嘴

（三）喷灌系统的类型

喷灌系统类型很多，按系统获得压力的方式可分为机压喷灌系统和自压喷灌系统；按系统设备的组成可分为管道式喷灌系统和机组式喷灌系统；按系统中主要组成部分的可移动程度分为固定式、移动式和半固定式 3 种。

1. 固定式喷灌系统

除喷头外，其他各部分在灌溉季节甚至常年都是固定不动的，这种喷灌系统称为固定式喷灌系统。其具有使用操作方便，易于管理，生产效率高，工程占地少，节省劳动力等优点，但是，工程投资大，设备利用率低。一般在灌水次数多的作物和地形比较复杂的情况下采用。

2. 移动式喷灌系统

组成喷灌系统的各部分在灌溉季节均是可移动的，这种喷灌系统称为移动式喷灌系统。移动式喷灌系统设备的利用率高，投资省，但管理、劳动强度大。适用于灌水次数少，地形较平坦的情况下采用。若将移动部分安装在一起，省去干、支管，构成一个整体称为喷灌机，如图 5-21 所示。

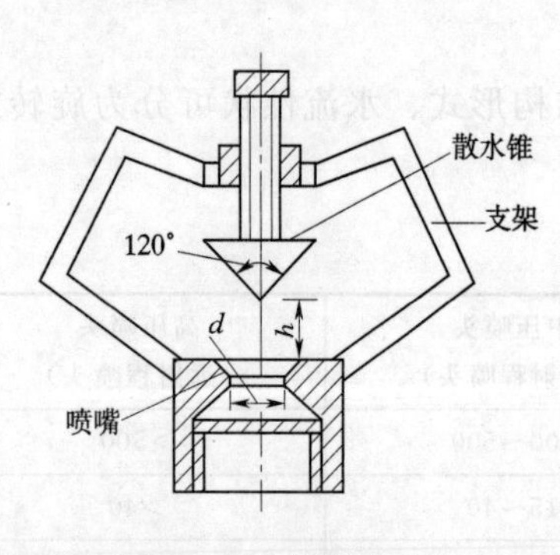

图 5-19　折射式喷头

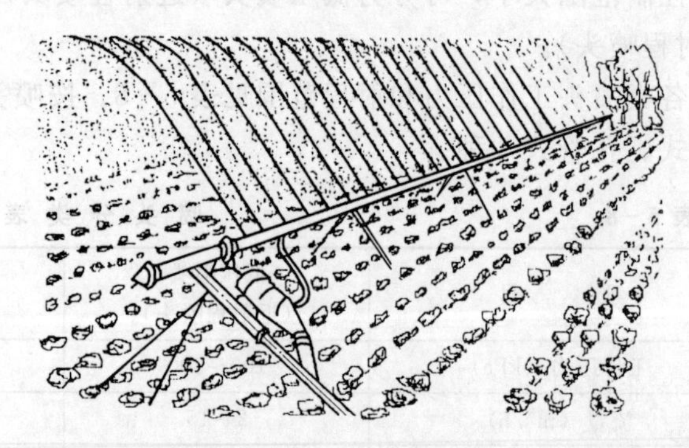

图 5-20　孔管式喷头

3. 半固定式喷灌系统

水泵及动力设备、干管是固定的，支管、竖管和喷头是可移动的，这种喷灌系统称为半固定式喷灌系统。其特点是设备利用率较高，投资较省，操作较方便。

三、低压管道输水灌溉技术

低压管道输水灌溉技术是以管道输水进行地面灌溉的工程，管道系统工作压力一般不超过 0.2MPa。低压管道输水灌溉技术是 20 世纪 80 年代为解决北方水资源短缺在我国发展起来的，到 1995 年底，全国各种类型的低压管道输水灌溉面积已达 330 万 hm^2（5000 余万亩）。

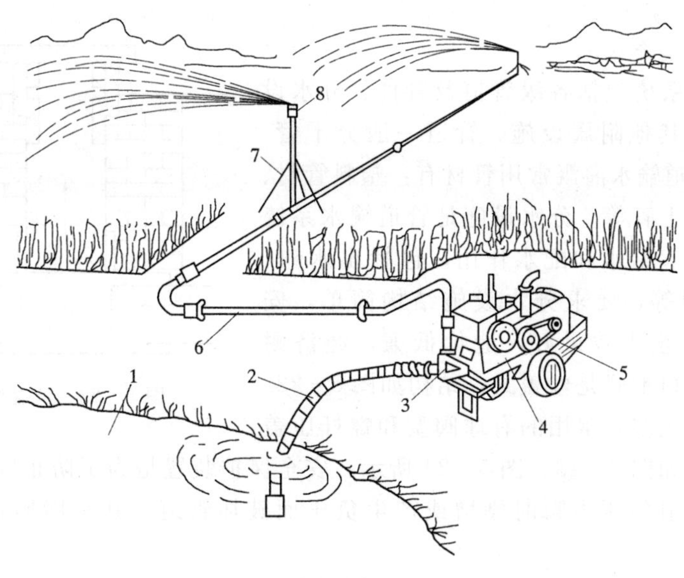

图 5-21 与手扶拖拉机配套的喷灌机
1—水源；2—吸水管；3—水泵；4—拖拉机；5—皮带；
6—输水管；7—竖管；8—喷头

（一）低压管道输水灌溉技术的特点

1. 优点

（1）节水节能。管道输水可以减少渗漏和蒸发损失，其输水过程水的利用率可达90%～95%，比土渠输水提高一倍。管道输水因输水时间缩短，减少了灌溉过程中能量消耗。试验表明，管道输水比土渠输水节水30%左右，节能20%～30%。

（2）省地省工。以管道代替土渠，一般可减少占地2%～4%，管道输水速度快，浇地效率高，一般灌溉效率提高一倍，用工减少一半以上。

（3）增产。管道输水改善了田间灌水条件，有利于适时适量灌溉，因此能有效地满足作物需水要求，提高作物产量。

（4）适应性较强。管道输水能满足灌区微地形及局部高地农作物的灌溉，而且能适应农村产业结构调整的要求。

2. 缺点

低压管道输水灌溉技术的主要缺点是与微灌、喷灌相比较，水量浪费仍较大。与地面灌溉相比较，投资较高。

（二）低压管道输水灌溉系统的组成

低压管道输水灌溉系统一般由水源、水泵及动力设备、输配水管道系统和田间灌水设施组成。

1. 水源

管道输水灌溉水源应满足水量和水质要求。

2. 水泵及动力设备

水泵一般采用离心泵、潜水泵等，动力设备一般采用柴油机、电动机等，其功率应与水泵相匹配。

3. 输配水管道系统

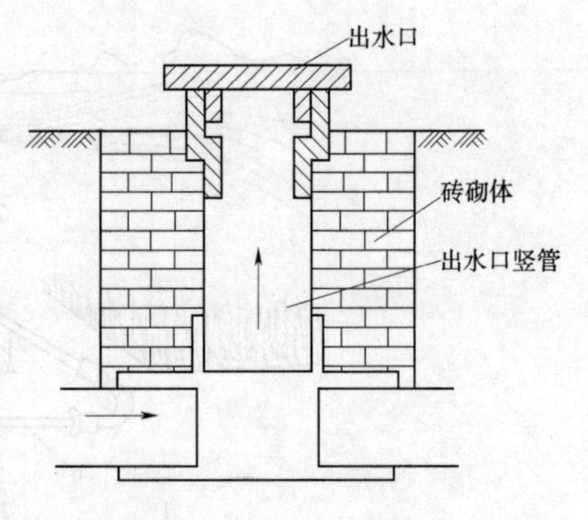

图 5-22　丝盖型出水口

输配水管道系统包括各级管道及管件、分水设施、保护装置和其他附属设施。管道一般分干管、支管和毛管，管道输水灌溉常用管材有：塑料管材、水泥管材以及灰土管等。分水设施是管道输水系统重要组成部分，起给水和配水作用，包括出水口、给水栓、分水闸等，要求分水设施结构简单，安装、开启方便，止水效果好，造价低廉，经济耐用。常用的出水口形式是丝盖式，结构如图 5-22。给水栓的类型有很多，常用的有球阀型和螺杆压盖型两种，其结构如图 5-23、图 5-24 所示。安全保护装置是为了防止因操作违规或机泵故障，造成管道的压力瞬时剧增或产生负压而破坏管道，其常用形式有进排气阀、安全阀等。

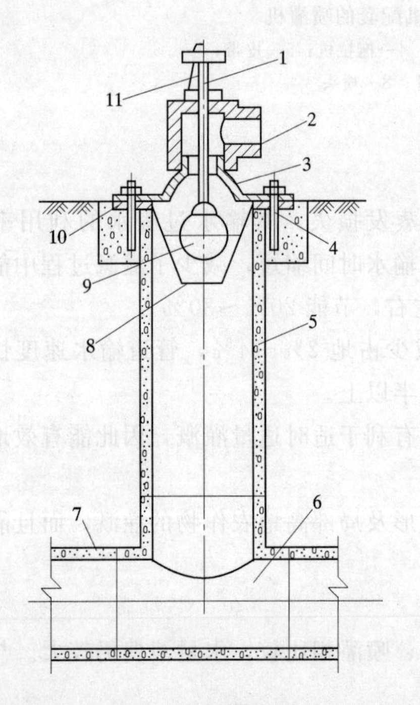

图 5-23　G3Y5—H 型球阀移动式给水栓

1—操作杆；2—上栓壳；3—下栓壳；4—预埋螺栓；5—立管；6—三通；7—地下管道；8—球蓝；9—球阀；10—底盘；11—固定挂钩

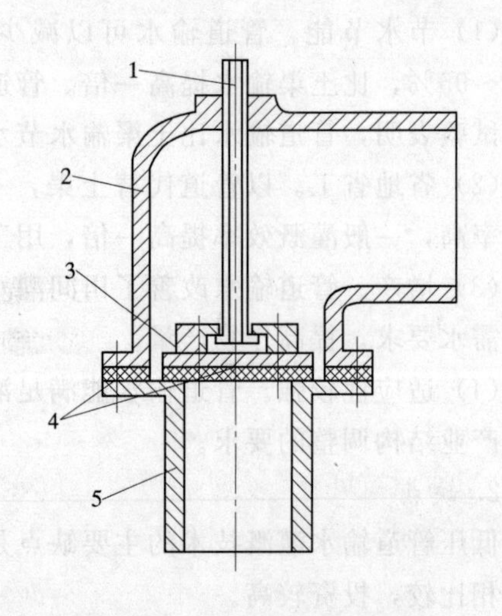

图 5-24　螺杆压盖型给水栓

1—操作杆；2—栓壳；3—阀瓣；4—密封胶垫；5—法兰管

4. 田间灌水设施

田间灌水设施指分水口以下的田间部分，是管道输水灌溉系统的重要组成部分，它包括田间灌水沟、畦，土地平整等，对保证灌水均匀，减少田间水损失有重要作用。

（三）低压管道输水灌溉系统类型

1. 固定式

固定式管道输水系统的机泵和管道系统均是固定的。其特点是投资大，但运行方便，节省劳动力。

2. 半固定式

半固定式管道输水系统的机泵、干管是固定的，支管、毛管是可移动的。灌水时，通过埋设在地下的固定管道将水输送到出水口，再通过地面移动软管送入灌水沟、畦。

3. 移动式

移动式管道输水系统，除水源外，机泵和管道均是可移动的。其特点是一次性投资小，但管理不方便。

四、地膜覆盖灌水技术

地膜覆盖灌水技术，是在地膜覆盖栽培技术的基础上，结合传统地面灌水沟、畦灌溉所发展的新式节水型灌水技术。我国地膜覆盖栽培技术于1979年由日本引进，现已在北方大面积推广应用，尤其干旱地区的棉花、蔬菜、药材等经济作物的种植都基本采用了地膜覆盖栽培技术。

（一）地膜覆盖灌水技术的类型

地膜覆盖灌水技术形式多种多样，根据水流与地膜的相对位置可分为膜上灌、膜侧灌和膜下灌。

1. 膜上灌

膜上灌是指灌溉水流在膜上流动，通过膜孔或膜缝渗入到作物根部土壤中的灌水方法，它是目前推广应用最普遍的地膜覆盖灌水技术。膜上灌又分为膜孔灌、膜缝灌等。

膜孔灌是目前采用最多的一种形式，其技术要素主要有入膜流量、改水成数、开孔率、膜孔布置形式和灌水历时。入膜流量大小主要根据沟（畦）宽度、土壤质地、地面坡度和单位长度膜孔入渗强度等确定；改水成数根据地面坡度而定，一般坡度较平坦的膜孔沟（畦）灌改水成数为1，地面坡度较大时，改水成数为0.8～0.95；开孔率、膜孔布置形式与土壤性质、作物种植情况有关，膜孔畦灌，对轻质土地膜打双排孔，重质土地膜打单排孔，根据试验，对轻质土、壤土孔径以5mm，孔距为20cm为宜。据新疆部分地区试验，当地面坡度在1‰时，对粘土和壤土，膜畦长度为20～25m，畦宽为1m时，开10～15个灌水孔，膜畦流量控制在1.5L/s，改水成数为1。畦宽为2m时，膜畦流量控制在2～3L/s。

膜缝灌又分膜缝沟灌和膜缝畦灌。膜缝沟灌是在沟底两膜之间留有2～4cm的窄缝，通过膜缝和放苗孔向作物供水，沟长一般为50m。膜缝畦灌是在畦田田面上铺两幅地膜，两幅地膜间留有2～4cm的窄缝，水流在膜上流动，通过膜缝和放苗孔渗入土壤，入膜流量一般为3～5L/s，畦长30～50m，要求土地平整。

2. 膜侧灌

膜侧灌是指在灌水沟垄背部位铺膜，灌溉水流在膜侧的灌水沟中流动，并通过膜侧入渗到作物根系区的土壤中。膜侧灌主要用于条播作物和蔬菜。

3. 膜下灌

膜下灌是将地膜覆盖在灌水沟上，灌溉水是在膜下的灌水沟中流动，以减少土壤水分蒸发。膜下灌主要适用于干旱地区的条播作物。

（二）地膜覆盖灌水技术的特点

与传统地面灌溉相比较，地膜覆盖灌水技术主要有以下优点：

(1) 节水。地膜覆盖灌水技术因减少了作物棵间蒸发和深层渗漏，尤其是膜上灌，只湿润局部土壤，因此比传统的地面灌溉节水。根据对膜孔灌试验研究和其他膜上灌技术的调查分析，一般可节水 30%～50%，节水效果显著。

(2) 灌水质量较高。以膜上灌为例，在灌水均匀度方面，膜上灌不仅可以提高沿沟（畦）长度方向的灌水均匀度，同时可提高沟（畦）横断面方向上的灌水均匀度；在土壤结构方面，由于膜上灌水流是在地膜上流动或存蓄，不会冲刷膜下土壤，也不会破坏土壤结构。

(3) 增产。地膜覆盖灌水技术改变了传统的农业栽培技术和耕作方式，改善了田间土壤水、肥、气、热等作物生态环境，地膜覆盖对作物生态环境的影响主要表现在地膜的增湿热效应。据观测，采用地膜覆盖可以使作物苗期地温平均提高 1～1.5℃，从而促进了作物根系对养分的吸收和作物的生长发育。对于膜上灌来讲，不破坏土壤结构，又减少了深层渗漏和土壤肥料的流失，因此，使作物增产。通过新疆部分地区试验，在同样条件下，膜上灌棉花比传统沟灌增产 5%以上。

思考与练习

1. 何谓田间工程？田间工程规划布置的原则及基本要求是什么？
2. 田间灌排渠沟布置的原则是什么？各种布置形式有何特点？
3. 条田布置要考虑哪些要求？条田内部渠系布置有哪几种基本形式？
4. 地面灌溉各种灌水方法有哪些技术要求？有关技术要素如何确定？
5. 常用节水型地面灌溉有何特点？
6. 微灌有何特点？微灌系统由哪几部分组成？微灌系统有哪些类型？
7. 喷灌有何特点？喷灌系统的组成？喷灌系统有哪些类型？
8. 低压管道输水灌溉有何特点？低压管道输水灌溉系统由哪几部分组成？
9. 地膜覆盖灌水技术有何特点？有哪些形式？

第六章　排水系统规划设计

第一节　农田排水的任务与要求

农业是受自然灾害影响最大的产业，农业要实现可持续发展，必须为其提供一个良好的发展环境，必须消除各种灾害对其不利影响。我国各个地区，由于受自然地理条件的限制，水旱灾害频繁。

在山丘区，因地形复杂，地势陡峻，雨季降雨集中，极易形成山洪，冲毁农田和庄稼；降雨产生的径流，带走了农田中的土壤，造成严重的水土流失；雨水向低处汇流，造成低洼农田积水，形成涝灾。

在平原区，因河床淤积，河流水位高于两岸地面，地势低洼，降雨后农田极易产生积水，导致涝灾。由于地表水不能及时排走，大量补给地下水，造成地下水位抬高，产生渍害和盐碱化灾害。

不论是山丘区还是平原区，要解决洪、涝、渍、盐碱化等灾害，必须通过排水。

排水系统是灌区的重要组成部分，是保证农业高产稳产和可持续发展的重要工程设施。一般排水系统由田间排水网、骨干排水沟道、配套建筑物以及排水容泄区等几部分组成。农田中过多的水，通过田间排水工程排入骨干排水沟道，最后排入排水容泄区。各灌区由于地形、土壤、水文地质、作物种植等条件不同，排水要求不同，排水系统所承担的排水任务也有所不同。

一、田间排水方式

田间排水方式有水平排水和垂直排水两类。水平排水是通过在地面上开挖排水沟或在地下埋设排水管道进行排水。垂直排水又称竖井排水，是通过打井抽水进行排水。

通过在地面上开挖排水沟进行排水称为明沟排水，它具有适应性强，排水流量大，降低地下水位效果好，施工方便，容易开挖，造价低廉等优点，是目前应用最广泛的一种排水方式。但明沟也存在断面大，占地多，开挖工程量大，交叉建筑物多，影响田间耕作，易遭受人为破坏等缺点。

暗管排水是在地下适当深度埋设管道或修筑不同形式的暗沟进行排水，它是一种很有发展前途的排水方式。暗管排水的优点在于排除地下水和控制地下水位效果好，不占用耕地，不影响田间交通和农机具作业，便于机械化施工，可节省大量养护清淤的费用。但暗管排水需用各种管材，一次性投资费用较大，施工技术要求较高，管道维修较困难。目前，暗管排水在国外得到较普遍应用，有些经济发达国家有用暗管代替明沟排水的趋势。我国暗管排水起步较晚，近几年来逐步得到重视和推广。据不完全统计，全国有各类地下排水设施的农田面积约 33 万 hm^2 左右。

二、田间排水的作用

完整配套的田间排水设施，是保证农业高产稳产不可缺少的重要措施，过去在灌区建设过程中，存在重灌轻排或只灌不排现象的教训是深刻的，不少灌区由于有灌无排或排水设施不完善，起不到应有的排水作用，加之灌水技术落后，用水管理水平低，使灌溉水大量渗入地下补给地下水，造成地下水位上升，使作物生长条件恶化，产量不能提高，有的甚至出现土壤次生盐碱化。实践证明，没有排水设施的灌区，就难以实现可持续发展，而没有田间排水网的排水系统是不完善的排水系统，这种排水系统是很难有效地完成各种排水任务。事实表明，灌溉和排水是确保农业发展的两项重要措施，二者缺一不可。对于当前中低产田开发，更离不开排水。

农田排水的任务主要是两个：一是排除地面径流和地面积水；二是排除土壤中过多水分和控制地下水位。排水的作用是除涝、防渍和防治土壤盐碱化。

（一）除涝

因降雨过多，地面径流不能及时排走，农田积水超过作物耐淹能力，造成农业减产的灾害，称为涝灾。排除农田中过多地表水的工程技术措施叫除涝。涝灾在我国南北方地区均普遍存在。

农田积水深度过大，时间过长，易造成土壤中空气减少，作物因缺氧而呼吸困难，且会使土壤产生过多的乙醇等有害物质，影响作物生长，轻则减产，重则死亡。所以，易涝地区的田间排水，必须满足在规定的时间内，排除一定标准的地面径流，将淹水深度和淹水时间控制在允许的范围内。

作物的耐淹能力主要反映在允许淹水深度和允许淹水时间，作物的允许淹水深度和淹水时间与作物的种类、品种、生育阶段以及气候等有关。小麦、棉花等作物耐淹能力较差，一般在地面积水10cm时，淹水1d就会减产，淹水6～7d就会死亡。一般旱作物当农田积水深10～15cm时，允许淹水时间不超过2～3d。水稻在生长过程中，也需要有一定的水层深度，若淹水过深，时间过长，就会引起土壤通气不良，根部缺氧，有机物不易分解，有害物质增多，根扎不深，易倒伏，影响生长。所以，在雨季，稻田的滞蓄水深和滞蓄时间也应控制。几种主要作物的耐淹能力见表6-1。

表6-1　几种旱作物的耐淹能力

作物种类	生育期	允许淹水深度(cm)	允许淹水历时(d)
棉　花	开花结铃期	5～10	1～2
玉　米	抽雄期	8～12	1～1.5
	孕穗灌浆期	8～12	1.5～2
	成熟期	10～15	2～3
春　谷	孕穗期	10～15	1～2
	成熟期	10～15	2～3
高　粱	孕穗期	10～15	6～7
	灌浆期	15～20	8～10
	成熟期	15～20	15～20
大　豆	开花期	7～10	2～3
小　麦	拔节成熟期	10	<1

（二）防渍

由于地下水位持续过高或土壤上层滞水，使耕作层土壤长期过湿，造成作物耕作层中水、肥、气、热失调，导致农作物减产的灾害，称为渍害。

土壤中水分长时间过多，使空气过少，根系层严重缺氧，土壤有机质和土壤养分分解受到抑制，造成养分供需失调。同时，土壤还原作用增强，还原物质及有害气体增多，使根系不能正常发育，根部吸收和输送水分和养分困难，蒸腾作用和光合作用减弱，最终导致作物减产。

1. 渍害的成因

渍害的产生与地形、气象、水文地质、土壤以及人类活动有直接关系，归纳起来有以下几方面原因：

（1）地下水位过高。由于地下水位过高，地下水借毛细管力作用上升到耕作层内，使耕作层土壤含水量过多，造成土壤过湿。

（2）降雨过多，阴雨连绵。大量降雨渗入土壤后，不能及时排走，同样会造成土壤过湿，出现渍害。此外，降雨渗入地下，使地下水位抬高，也容易产生渍害。

（3）土壤粘性过重，产生耕层滞水。长期耕作过程中，耕作层以下产生犁底层，阻碍了土壤水下渗，渗入土壤中的雨水或过多的灌溉水在犁底层上形成耕层滞水，造成土壤过湿。

（4）河床较高，沿河两岸地势较低。因两岸地势较低，河水侧渗补给两岸土壤和地下，使沿河两岸土壤含水量长期过大，地下水位过高。

（5）灌排布置不合理，管理不善。灌排渠沟布置不当，工程不配套，施工质量差，造成渠道渗漏严重；因管理不到位，灌溉水量浪费大；排水沟淤积、破坏严重，无法正常工作，致使农田中多余水不能及时排出，造成渍害。

2. 防渍的要求

易渍地区，田间排水主要是适时排除作物根系活动层中多余水分和控制地下水的埋深。土壤含水多，地下水位高，作物根系难以下扎，据江苏省部分地区实测，当地下水埋深 0.36m 时，小麦根群集中层深 0.27m；地下水埋深 1.24m 时，根群集中层深达 0.53m。试验表明，在土壤、施肥和作物等各种条件大致相同的情况下，地下水埋深越浅，产量越低。如小麦，3～5 月份，埋深小于 0.2m，颗粒不收；从 0.2m 降到 0.5m，每亩可增产 100kg 左右；从 0.5m 降到 0.8m，每亩可增产 50kg 左右；从 0.8m 降到 1.2m，每亩可增产 30kg 左右；从 1.2m 降到 1.5m，增产不显著。

要使作物免受渍害，就必须具有适宜的地下水埋深，这个埋深应等于根系集中层深度加上毛管饱和区高度。适宜的地下水埋深随作物种类和生育期而不同，一般播种和幼苗期允许地下水埋深小些，随着作物的生长发育，根系活动层加深，允许的地下水埋深也加大。

降雨后，允许地下水位有一定的升高，但要求在一定时间内下降至适宜的埋深。表 6-2 为我国北方地区几种主要作物要求的适宜地下水埋深以及雨后允许的地下水埋深，可供参考。

表 6-2　几种作物允许的地下水埋深

单位：m

作　物	允许地下水埋深	雨后允许的地下水埋深	备　注
小麦	1.0～1.2	0.8 1.0	生育初期 生育后期
玉米	1.2～1.5	0.4～0.5	孕穗至灌浆
棉花	1.0～1.5	0.4～0.5 0.7	生育初期 开花结铃期
高粱	0.8～1.0	0.3～0.4	开花期
甘薯	0.9～1.1	0.5～0.6	
大豆		0.3～0.4	开花期

（三）防治盐碱化

土壤中含有过量的可溶性盐分，土壤溶

液浓度过高，使作物吸水困难而造成生理缺水现象，或直接对作物根系造成毒害，影响作物生长，导致作物减产的灾害，称为盐害。

含有可溶性盐碱成分过多的土壤被称为盐碱土，可溶性盐类含量过高的土壤称为盐土，交换性钠含量过多的土壤称为碱土，由于二者常常同时存在于土壤中，故统称为盐碱土。耕作土壤由于人类活动的影响而转化为盐碱土的过程称为土壤次生盐碱化。土壤次生盐碱化的发生和发展主要是由于水利和农业措施不当，使地下水位抬高，盐分在耕作层积累而引起的。

气候、土壤、水文地质、地形及人类活动等是造成土壤盐碱化的重要因素。气候干燥，降雨量少，蒸发量大，为可溶性盐分向土壤表层积聚创造了条件；土壤质地轻，毛管水上升高度大，地下水中盐分易随水分上升到土壤表层；地下水埋藏浅，矿化度高，更易产生盐碱化；灌排渠系不配套或缺乏排水系统，灌水定额过大，灌溉水渗漏严重，都会引起地下水位上升。此外，土地不平，种植不合理也会加速次生盐碱化。总之，地下水位高，含盐量大，蒸发强烈，排水不畅是产成土壤次生盐碱化的主要原因。

土壤中的盐分随土壤水分的运动而运动，在蒸发耗水的情况下，含盐的地下水或土壤水，上升到土壤表层，然后，水分蒸发到大气中，盐分则留在土壤表层，使表层土壤的含盐量增加；在降雨或灌溉时，表层土壤中的盐分遇水溶解，随水向下层移动，使表层土壤盐分减少。农田中表层土壤积盐或脱盐，主要取决于蒸发积累和入渗淋洗的盐分数量。因此，减少表层土壤水分蒸发，增加含盐水分的排出，是促使土壤脱盐，防治土壤盐碱化的有效途径。

土壤的蒸发强度，除与耕作技术和田间管理有关外，地下水埋深、地下水中含盐量和气象条件是重要影响因素。地下水位越高，含盐量越大，通过土壤毛细管作用上升到表层土壤中的水分和盐分就越多，表土的蒸发强度便越大，盐分的积累也越多。干旱季节，空气干燥，土壤蒸发量大，表土的积盐量也随着增大。

降雨或灌溉时，土层的入渗水量也受到地下水埋深的影响，地下水位低，水的入渗速度和渗入地下的水量大，随入渗水量淋洗到深层的盐分多，土壤淋洗脱盐的效果好。反之，淋洗脱盐的效果差。

由于地下水的埋深是影响土壤积盐和脱盐的重要因素，因此，进行田间排水，控制地下水位是防治土壤盐碱化的有效措施。为达到防治改良盐碱土的目的，盐碱化灌区的田间排水工程必须能有效地控制地下水位，使地下水位经常保持在不致引起土壤盐碱化的地下水临界深度以下。地下水临界深度是指在一定的自然条件和农业技术措施下，为保证土壤不产生盐碱化和作物不受盐害所要求保持的地下水最小埋藏深度，地下水临界深度是盐碱化地区用于确定田间排水沟深度的主要依据，直接影响工程费用和防治效果。其大小与土壤质地、地下水含盐量、气象条件、灌溉排水条件以及农业技术措施有关。轻质土的毛细管输水能力强，蒸发强度较粘质土大，易在土壤内积盐，因此，应有较大的地下水临界深度。临界深度取值的一般规律是，土壤质地轻，地下水矿化度大，蒸发量大，灌溉条件差，土壤肥力低，耕作粗放，作物根系活动层深度大，作物耐盐性差，地下水临界深度的取值应大些。反之，取值可小些。地下水临界深度值一般应通过实地调查和观测试验的方法进行确定。表 6-3 为我国北方一些省区采用的地下水临界深度值，可供参考。

表 6-3　　北方部分地区地下水临界深度表

地　区	土壤质地	矿化度 (g/L)	临界深度 (m)
河南省北部 和东部地区	轻壤土 砂壤土	<2 2～5 5～10	1.9～2.2 2.1～2.3 2.3～2.5
	中壤土	<2 2～5 5～10	1.5～1.7 1.7～1.9 1.9～2.1
	重壤土 粘　土	<2 2～5 5～10	0.9～1.1 1.1～1.3 1.3～1.5
河北省 平原地区	轻壤土	1～3 3～5 5～8 8～10	1.8～2.1 2.1～2.3 2.3～2.6 2.6～2.8
	轻壤土 夹胶泥	1～3 3～5 5～8 8～10	1.5～1.8 1.8～2.1 2.1～2.2 2.2～2.4
	胶　泥	1～5 5～10	1.0～1.2 1.2～1.4

地　区	土壤质地	矿化度 (g/L)	临界深度 (m)
陕西省 洛惠渠灌区	砂壤土 轻壤土 中壤土 重壤土 轻粘土	1～3 2～7 10～30 7～15 7～17	1.4～1.6 1.5～1.8 2.1～2.4 1.8～2.1 1.1～1.4
山东省打鱼 张灌区	粉砂土 粘　土		2.0～2.4 1.0～1.2
内蒙古 自治区 黄河灌区	轻壤土	3～5 5～7 7～9 10	1.8 2.0 2.2 2.3
	粘质或间粘	3～5 5～7 7～9 10	1.1 1.2 1.3 1.35
新疆建设 兵团沙井 子土壤改 良试验站	有粘质夹层 砂壤或轻壤	<10 10 左右	1.5～1.7 >2.0

第二节　田间排水网的布置

田间排水网的布置是为了满足农田排水要求，田间排水网分为明沟排水网和暗管排水网两种。

一、明沟排水网布置

明沟排水网目前应用较广泛，由于各地区的自然条件不同，明沟排水网的组成和布置有很大差异。北方和南方，旱作物和水稻的田间排水网的形式均不同，一般应根据地形、土质、排水条件、水文地质等因素，因地制宜地进行合理布置，以便达到排除地面径流和控制地下水位的目的。

在无控制地下水位的易旱易涝地区，或虽有控制地下水位的要求，但要求末级固定排水沟间距较大的易旱易涝易渍地区，排水农沟可兼排地表水和控制地下水位，农田内部的排水沟只起排地表水的作用，布置形式见图 6-1。

在要求控制地下水位的排水沟间距较小的易旱易涝易渍地区，除排水农沟外，还要在农田内部布置 1～2 级田间排水沟。若要求末级排水沟间距为 100～150m，则可只设毛沟，如图 6-2。毛沟深度至少为 1.0～1.2m，农沟深度应在 1.2～1.5m 以上。若要求末级排水沟间距为 30～50m，则在农田内部需布置毛沟与小沟两级排水沟，如图 6-3。

在南方水旱轮种地区，因排水量大，土壤透水性较差，可采用深、浅沟结合的“深沟

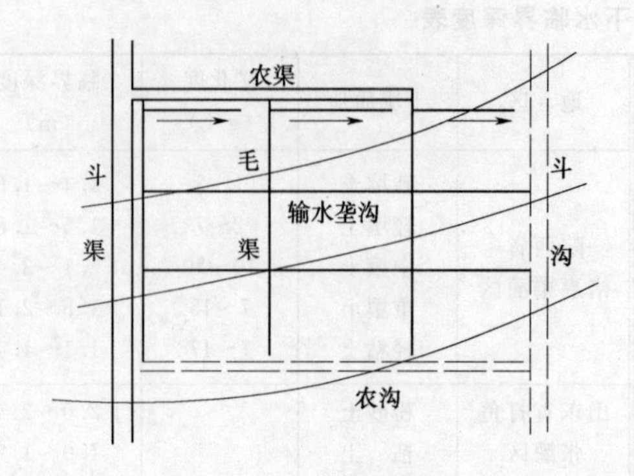

图 6-1　毛渠、输水垄沟灌排两用的田间渠系

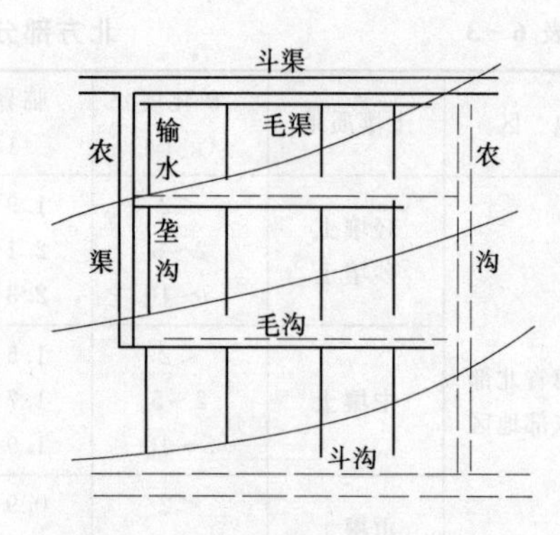

图 6-2　只设毛沟的田间排水网

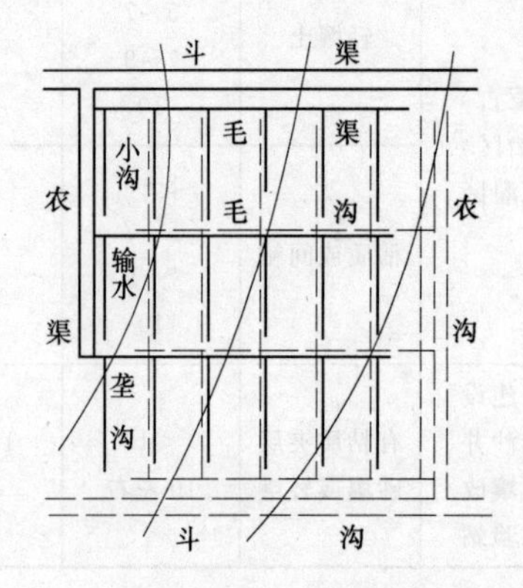

图 6-3　设有毛沟和小沟的田间排水网

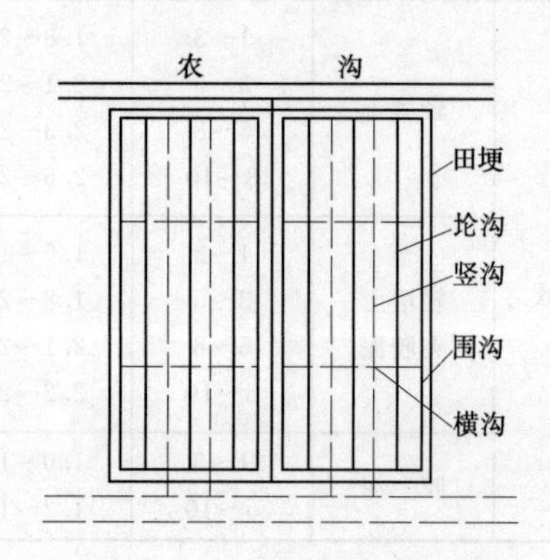

图 6-4　深沟密网式布置图

密网”式田间排水网，如图 6-4。沿田块长边方向每隔 3～4 m 开挖一条浅沟，沟深 0.3～0.4m，称为垄沟，也可开挖 0.6～0.7m 的深沟，称为深竖沟。沿田埂开挖一圈浅沟，深 0.3～0.4m，称为围沟，垂直深竖沟再开挖 2～3 条沟深为 0.6～0.7m 的深沟，称为横沟。排水时，田面径流沿垄沟、围沟汇入横沟再流到竖沟，最后排入农沟。

二、暗管排水网布置

（一）暗管排水网的组成与类型

暗管排水网一般由吸水管、集水管、检修井和出口控制建筑物等组成，有的还在吸水管的上游设置通气孔。土壤中多余的水通过吸水管的缝隙进入吸水管，然后汇集到集水管，通过集水管排入明沟，吸水管与集水管之间设置的检修井主要是为了观测暗管的水流和进行清淤和检修操作，出口控制建筑物用于控制暗管水流和防止明沟水倒灌。暗管排水网有以下两种布置形式：

1. 一级暗管排水网

只布置吸水管，无集水管。每条吸水管都有出水口，向明沟排水，见图 6-5。这种布置形式具有布局简单，投资省，便于维修等优点，因此应用较广泛。

2. 二级暗管排水网

暗管由吸水管和集水管两级组成，见图 6-6。这种类型土地利用率较高，有利于机耕，但布置复杂。

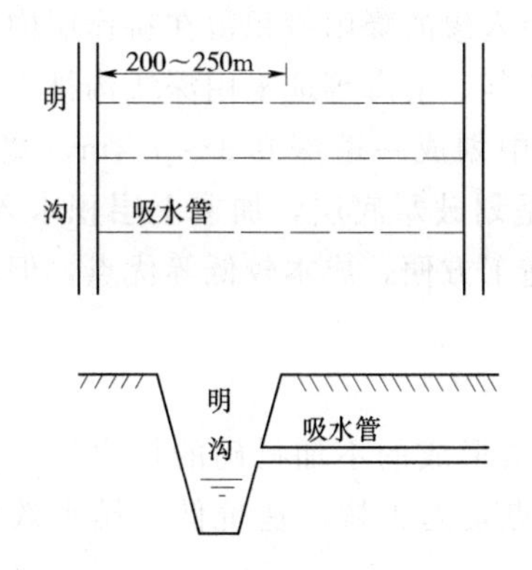

图 6-5　一级暗管排水网布置图

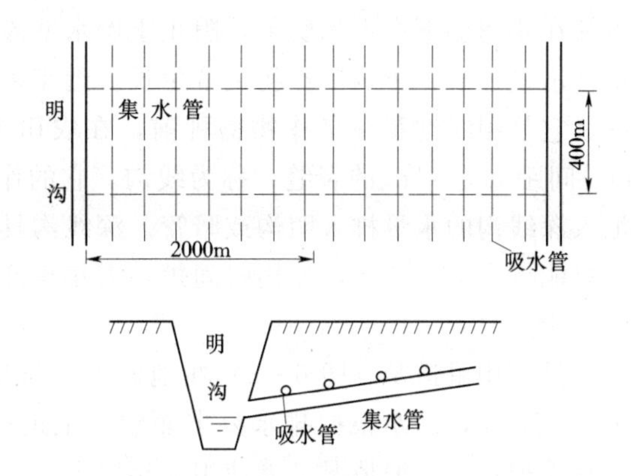

图 6-6　二级暗管排水网布置图

（二）常用的管道种类

目前，采用的暗管管材主要有瓦管、混凝土管、塑料管等，也有采用各种暗沟的。

1. 瓦管

瓦管是使用最普遍的暗管之一，它由粘土制成的管坯入窑烧制而成，常用的瓦管形式和尺寸如图 6-7 所示。一般多利用接头缝隙排水，缝隙宽度在粘性土中小于 6mm。在非粘性土中小于 3mm。

瓦管具有耐腐蚀、强度大、寿命长、就地取材、制作容易、成本低廉等优点，也有重量大、施工比较麻烦的缺点。一般瓦管的抗压强度为 640～800N/cm^2。

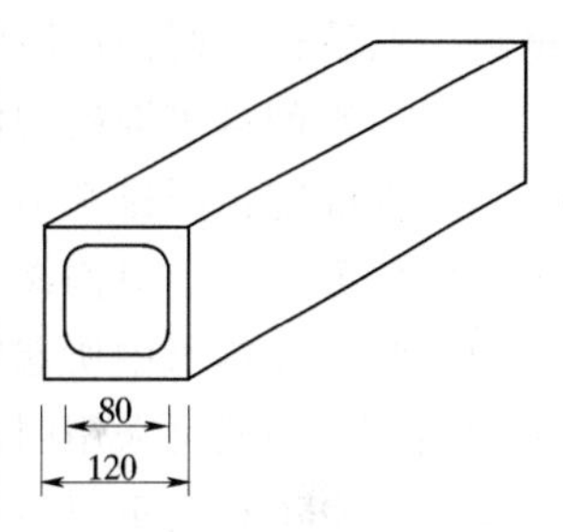

图 6-7　瓦管(单位:mm)

2. 塑料管

常用于排水的塑料暗管主要是光滑塑料暗管和波纹塑料暗管两种，由聚氯乙烯或聚乙烯材料制成。具有重量轻、用料省、强度高、耐腐蚀、经久耐用、运输和施工方便等优点。光滑管一般外径 40～160mm，壁厚 0.8～3.2mm，每根长 5～6m，管壁上有纵向进水缝，缝宽 1～1.4mm，缝长 4～5mm。波纹管一般内径 55～70mm，壁厚 0.4～0.5mm，波谷开有进水孔，每米管长进水孔面积 33cm^2，每根管长 70～100m。

塑料暗管施工普遍采用开沟铺管机，具有施工质量高、进度快等优点。

3. 水泥土管

水泥土管是由水泥和砂子或水泥、砂子和粘土掺水拌和均匀，用机械或人工挤压而成。江苏省采用的水泥土管每节长 20～33cm，内径 5～7.5cm，外径 8～10cm，水泥和砂土的配合比为 1∶6～1∶7，干密度为 1.65～1.73g/cm^3。

水泥土管的强度取决于水泥标号、水泥用量、土料性质和挤实密度等，水泥标号高，用量大，土料颗粒大小适宜，挤压密实，则强度高。水泥土管的优点是，水泥用量少，就地取材，成本低廉，缺点是受冻融的影响大。

4. 深线沟

深线沟是水稻区解决麦田排水的一项简易有效的排水措施。水稻田因耕作方法的影响，容易在耕作层下产生犁底层，阻止土壤水下渗，使入渗的降雨量积留在耕作层内，造成土壤含水量过多，影响旱作物正常生长。近年来，江苏、上海等地采用深线沟排水，效果较好。它是用线沟犁在旱作物播种前，在农田土层中划成一道深 0.3～0.4m，宽 1～1.5cm，间距 0.5～1m 的裂缝，称为线沟。它的作用是划破犁底层，加速上层积水入渗，并将汇入深线沟的水量排入明沟或暗管。深线沟具有施工方便，成本较低等优点，但沟深较浅，只能排出上层滞水，使用时间短，需年年开挖。

5. 鼠道

鼠道是利用鼠道犁（图 6-8）在地面以下挤压土壤形成的不加衬砌的排水道。鼠道直径为 5～10cm，间距根据排水要求而定。鼠道的特点是施工快、造价低、排水效果较好。但易受损坏，一般情况下能使用 5 年以上。

鼠道排水适宜在粘土或粘壤土地区采用，要求土壤具有较好的塑性、稳定性和均质性，以免造成鼠道坍塌，影响排水。由于受施工设备性能的限制，鼠道深度一般只能打在田面以下 0.6～0.8m，因此控制地下水位的作用受到限制，一般用于排除地表入渗水和多余土壤水，水分主要是通过鼠道周围土壤的缝隙渗入鼠道，然后排入明沟或暗管。

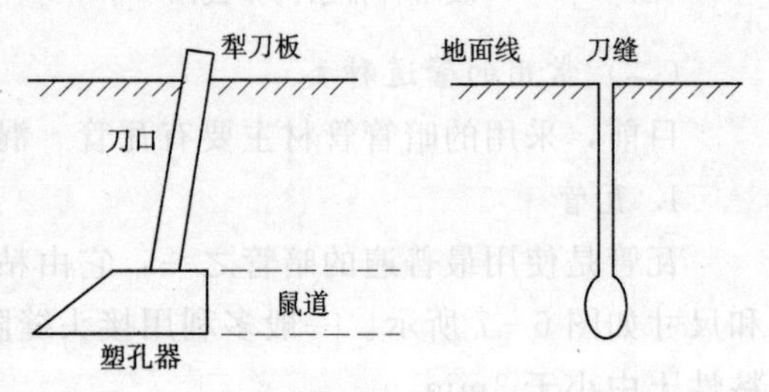

图 6-8 鼠道犁及鼠道示意图

三、田间排水沟的沟深和间距的确定

合理确定田间排水沟的沟深和间距，是田间排水网规划设计的主要内容，由于田间排水网的任务不同，对沟深和间距的要求也不同。采用暗管排水时，还要确定暗管的埋深和间距，暗管在排水中所起的作用和所处的工作条件与明沟相类似，因此，暗管的埋深与间距的确定，一般可采用明沟的沟深和间距的确定方法。农沟是最末一级固定排水沟道，也是田间排水工程的重要组成部分，其沟深和间距应能满足田间排水要求。下面主要介绍农沟的沟深和间距的确定。

（一）除涝田间排水沟

降雨后，除涝田间排水沟应能在作物允许的淹水历时内，排除田间径流和积水。除涝田间排水沟的沟深与间距是相互影响的，在确定沟深与沟距时，一般先根据有关条件确定沟的间距，然后，根据排水沟的设计流量确定沟深，沟深确定方法可参看本章第四节，这里主要叙述排水沟间距的确定。

1. 田面降雨径流过程分析

要合理布置田间排水沟，首先应对田面降雨径流的形成过程有所了解。在旱作灌区，若降雨强度超过土壤的入渗速度，田面将产生径流，由于田面具有一定的坡度，雨水将沿田面坡度由高向低方向汇流，因此，距离田块首端越远，形成的水层厚度越大。在地面坡度和作物覆盖等条件相同的情况下，田块越长，田块末端淹水的深度越大，淹水历时也越长，这对作物的生长是不利的。要保证作物能正常生长，必须开挖田间排水沟，缩短集流时间和集流长度，以减少淹水深度和淹水时间。排水沟的间距直接影响到田面淹水深度和淹水时间，图 6-9 反映了排水沟对降雨形成的田面水层所起的调节作用，从图中可看出，排水沟的间距越小，田面淹水的深度和淹水历时越小。表6-4是山东省齐河县测得的在降雨116mm，降雨历时4h，田间排水沟的深度为0.8～1.0m时，重壤土和粘土田块田间排水沟沟距与田面淹水时间的关系。

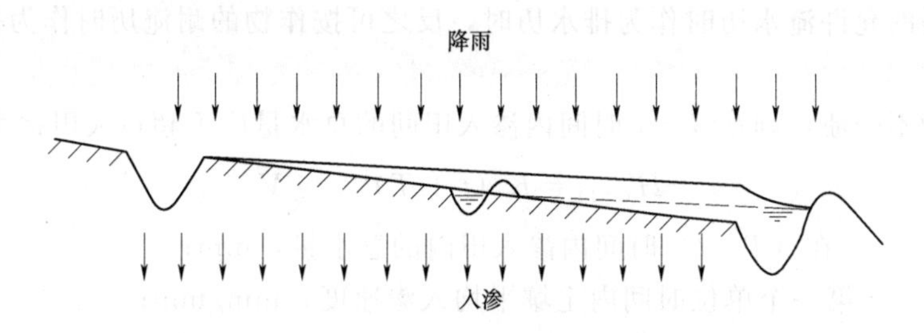

图6-9 排水沟对田面水层的调节作用示意图

2. 大田蓄水能力

旱作物田块本身具有拦蓄雨水的能力，它表现在由于降雨的入渗，使土壤含水量增大和补给地下水使地下水位升高。但为防止造成作物受渍，对雨后地下水位升高必须有一定限制，这个限制条件是作物要求的适宜埋深，通常把旱作物田块土层内部有限度的拦蓄雨水的能力称为大田蓄水能力。大田拦蓄的水量由饱和地下水位以上土层所需要的水量和地下水位上升到允许高度所需的水量两部分组成，可用下式计算：

表6-4 田间排水沟沟距与田面淹水时间关系表

田间排水沟间距（m）	30	50	100	400
田面淹水时间（h）	3～4	5～6	10～12	72～96

$$V = HA(\beta_{max} - \beta_0) + H_1 A(1 - \beta_{max}) \tag{6-1}$$

或

$$V = HA(\beta_{max} - \beta_0) + \mu H_1$$

式中 V——大田蓄水能力，m；

H——降雨前地下水埋深，m；

β_{max}——地下水位以上土壤田间持水率，以占土壤孔隙的百分数计；

β_0——降雨前地下水位以上土壤平均含水率，以占土壤孔隙的百分数计；

H_1——降雨后地下水位允许上升高度，m；

A——土壤孔隙率，以占土壤体积的百分数计；

μ——给水度。

3. 除涝田间排水沟间距确定

田间排水沟间距一般是指排水系统中末级固定排水沟间距。田间排水沟间距的确定除需考虑排水要求以外，还应考虑灌溉、机耕等方面要求。排水沟间距越小，对排水越有利，但排水沟占地多，田块分割过小，工程量较大，且不利于机械操作。反之，若排水沟间距过大，则排水效果差，不能满足除涝排水要求。

合理确定田间排水沟的间距是排水系统规划的重要内容，排水沟间距与作物的允许淹水历时和淹水深度有密切关系，作物的允许淹水历时是排水沟设计的重要根据，设计时要求排水沟在作物的耐淹历时内将田面积水及时排除，一般把耐淹历时作为排水历时。但涝渍是相互联系的，为防止作物受渍，作物的允许淹水历时还需用大田蓄水能力进行校核，使设计的排水沟能同时满足除涝和防渍要求。根据大田蓄水能力和土壤的入渗特性，可算出作物不致受渍的相应的允许淹水历时，若这个历时小于作物的允许淹水历时，则作物在耐淹历时内会因入渗水量过多而受渍。这种情况下，确定排水沟间距时，应采用根据大田蓄水能力算得的允许淹水历时作为排水历时，反之可按作物的耐淹历时作为排水历时进行沟距确定。

为使作物不受渍，则在 $T+t$ 时间内渗入田间的总水量应不超过大田蓄水能力 V，即

$$H_{(t+T)}=K_0(t+T)^{1-\alpha}\leqslant V \tag{6-2}$$

式中 $H_{(t+T)}$ ——在（$T+t$）时间内渗入田内的总水量，mm；

K_0——第一个单位时间内土壤平均入渗速度，mm/min；

α——渗吸指数，可参看第五章地面灌溉一节；

t——降雨历时，min；

T——降雨停止后允许的淹水历时，min。

如果 $H_{(t+T)}>V$，说明田面积水虽在允许的淹水历时内排除，但渗入土壤中的水量过多，地下水位上升超过允许值，不能满足防渍要求，这时应将大田蓄水能力 V 代替 $H_{(t+T)}$ 代入公式（6-2），反求出 T 作为设计排水历时，即

$$T=\left[\frac{V}{K_0}\right]^{\frac{1}{1-\alpha}}-t \tag{6-3}$$

从以上可看出，田面降雨径流过程、作物允许淹水历时、大田蓄水能力等都影响田间排水沟间距，此外，田间排水沟间距除应满足排水要求外，还要考虑机耕、灌溉等方面要求。因此，在生产实践中，一般根据实测资料，结合经验确定沟距。我国北方地区，农沟间距一般在150～200m之间，天津、河北地区农沟间距一般采用200～400m，沟深2～3m，底宽1～2m。南方地区最末一级固定沟道间距一般在100～200m。表6-5为江苏、安徽等地采用的数值，可供参考。

表6-5　江苏、安徽地区最末一级固定排水沟规格

地　区	间　距（m）	沟　深（m）	底　宽（m）
徐淮平原	100～200	2	1～2
南通、太湖平原	200	2	1
安徽固镇	150	1.5	1

（二）控制地下水位的田间排水沟

地下水位过高是产生渍害的主要原因，对地下水矿化度大的灌区，高地下水位也是产生土壤盐碱化的重要原因。为防止渍害和盐害的产生，地下水位较高的灌区，必须修建用于控制地下水位的田间排水沟。

1. 排水沟（或暗管）对地下水位的调控作用

地表水的入渗是引起地下水位升高的主要原因，田面入渗的水量，一部分存蓄在地下水位以上的土层中；另一部分则补给地下水，使地下水位抬高。在无田间排水设施的情况下，雨后地下水位的回降主要依靠地下水的蒸发，由于蒸发强度随地下水位的下降而减弱，因此，地下水位的回降速度也随地下水位下降而减小。水位降到一定深度后，回降速度变得非常缓慢。在有田间排水设施的条件下，入渗水量对地下水的补给减小，地下水位的升高值也减小，由于排水沟的作用，雨后地下水位的回降深度和速度也较大。

排水沟对地下水位的调控作用与离排水沟远近有关，从图 6-10 可看出，离排水沟越近，地下水位降得越低，离排水沟越远，地下水位越高，距排水沟最远的两沟中间的水位最高。图 6-10 中的水平线为无排水设施时，地下水位在降雨时和雨停后的升降情况；曲线表示在排水沟的调控作用下，两沟之间地下水位的升降情况。二者对比可看出，田间排水沟能在降雨入渗时减小地下水位的上升高度，雨停后能使地下水位迅速降低。田间排水沟对地下水位调控作用的效果，取决于沟深和沟距。

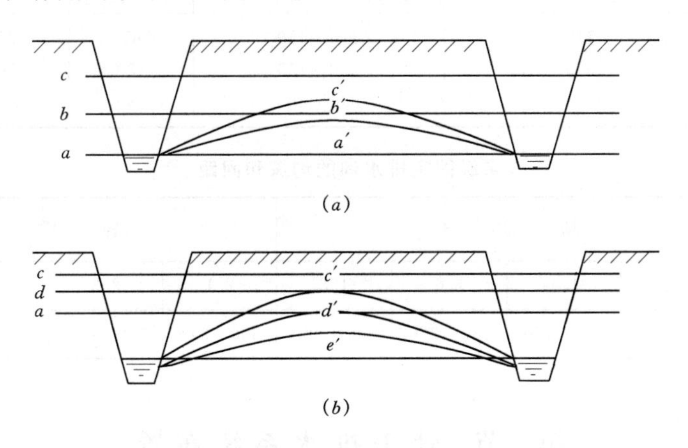

图 6-10　排下沟对地下水位的调控作用示意图

(a) 降雨时地下水位上升过程；(b) 雨停后地下水位下降过程

2. 排水沟深度的确定

沟深和间距是相互联系的，要达到某一控制地下水位的要求，沟深大，沟距可大些，沟深小，沟距也应小些。在沟深一定的情况下，间距小，地下水位下降的速度快，在一定时间内下降的深度也越大；反之，下降的深度小。在间距一定的情况下，沟深大，地下水位下降的速度和深度也大；反之，下降的速度和深度小。合理确定沟深和间距，对提高排水效果，节省工程量，提高机耕效率均具有重要意义。

在控制地下水位的田间排水沟的布置中，一般首先初步确定末级固定沟道的沟深，然后再确定沟距。末级固定排水沟的沟深（见图 6-10）可用下式计算

$$D=\Delta H+\Delta h_1+S \tag{6-4}$$

式中　D——沟深，m；

ΔH——作物要求的地下水埋深，m；

Δh_1——两沟之间的中间点的地下水位与沟中水位之差，一般不小于 0.2～0.3m；

S——排水沟中的日常水深，一般可取 0.1～0.2m。

3. 沟距的确定

沟距的确定除与沟深有关外，还受到土壤性质、地下水含水层厚度等因素影响。一般情况下，土质粘重，透水性差，含水层厚度较小，排水沟间距应小些；反之，应大些。由于影响排水沟间距的因素很多，准确确定其大小较困难，一般根据试验资料和经验确定。表 6-6 所列的控制地下水位的排水沟间距，可供参考。

盐碱化地区的沟深和沟距，不仅要能有效地控制地下水位，还要能满足冲洗排盐的要

求，即冲洗后上升的地下水位能在要求的时间内降到防止返盐的安全深度以下，以达到改良盐碱地的目的。在防盐地区，对地下水位回降时间一般允许长一些，表 6-7 所列数据可供黄淮平原地区参考。

表 6-6　控制地下水位的田间排水沟间距　单位：m

沟深（m）	砂性土块状粘土	轻砂壤土	中壤土	重壤土	粘　土
1.0～1.2	150	120～150	65	35	30
1.5～1.7	250	200～250	120	70	60
2.0～2.2	400	300～400	180	120	100

表 6-7　末级固定排水沟的沟深和间距

排水沟	粘　质　土				轻　质　土			
沟深（m）	1.2	1.4	1.6	1.8	2.1	2.3	2.5	3.0
间距（m）	160～200	220～260	280～320	340～380	300～340	360～400	420～470	580～630

第三节　骨干排水系统布置

骨干排水沟系统的布置，不仅关系到排水工程的投资费用和排水效能，而且还影响到灌溉系统的规划布置和灌区管理。骨干排水系统由各级固定排水沟道及修建在沟道上的各种建筑物组成。一般情况下，排水沟道与灌溉渠道相对应，分为干、支、斗、农沟 4 级固定沟道，其中干、支两级沟道是灌区的骨干排水沟道，布置合理与否，将影响整个灌区的排水。排水时，田间排水网汇集的地面径流和地下水，首先排入最末一级固定沟道，然后逐级输送，最后排入容泄区。

一、骨干排水沟道规划布置原则

排水沟道的规划布置直接影响到工程投资、排水效果、工程安全和工程管理等，在进行排水沟道的规划布置时，应遵循以下原则：

（1）排水沟道应尽可能布置在低处。为了获得自流排水的良好控制条件，各级排水沟道应布置在其所控制排水范围内的低洼处，以便及时排除排水区内的多余水量。

（2）尽可能利用天然排水沟道。天然排水沟道的形成，有其自身的合理性，利用天然排水沟道，可减少工程投资，减少工程占地。对于不符合排水要求的局部河沟段，可根据情况进行整治，如裁弯取直、拓宽加深等。

（3）应与灌区其他规划相统一。排水沟道的规划布置应与灌溉系统规划、灌区道路规划、土地利用规划等同时进行，统筹考虑，保证重点需要，力求彼此协调，减少建筑物，少占耕地，节省投资，便于管理。

（4）洪涝分治，排滞结合。洪涝是相互联系、相互影响的，灌区内外洪水的存在，增加了灌区排涝的难度，因此，在排水沟道规划布置时，应尽可能将洪涝分开，尽量减轻排水沟的排水负担。此外，还应充分利用排水区的湖泊、洼地等滞蓄一部分涝水，减少排水流量。

（5）应考虑综合利用。骨干排水沟道应充分考虑和尽量满足灌溉、通航和水产养殖等要求，以充分发挥工程效益。

二、排水系统类型

由于各灌区自然条件和经济条件不同，因此，排水系统所承担的任务和作用也不同，按照排水系统所担负的任务，排水系统主要有以下两种类型：

（一）一般排水系统

只承担排除地面径流和控制地下水位的排水系统称为一般排水系统。在我国北方干旱地区和南方山丘区，灌区的灌溉系统和排水系统是相互独立的，由于气候条件的影响，排水系统难以承担航运、养殖以及引水灌溉等任务，其只起到除涝、防渍、治碱的作用。这种排水系统的排水沟道一般比降较大，断面较小，工程造价较低。河南省人民胜利渠灌区、山东省打鱼张灌区、内蒙古河套灌区（图 6－11）等均属于这种灌区。

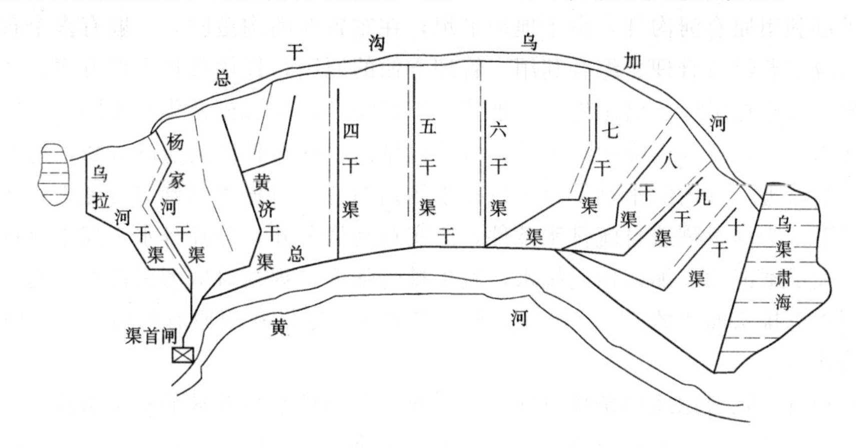

图 6－11　内蒙古河套灌区灌排系统示意图

（二）综合利用排水系统

以排除地面径流和控制地下水位为主要任务，兼顾蓄水灌溉、通航和养殖的排水系统称为综合利用排水系统。在南方圩垸区和地势低洼地区，要求排水系统不仅能排除地面径流和控制地下水位，在干旱季节还需从排水沟道引水灌溉，以补充灌溉水源之不足；同时还常利用排水河沟滞蓄降雨径流，以减少排涝流量和排水站的装机容量；平时还要维持一定的水位和水量，以利通航和养殖，改善交通条件和发展渔业生产。这类地区，常以天然河道作为排水骨干工程，构成排水系统的骨架。在此基础上，再按排水地区的地形条件分片布置干、支沟，片内自成网状排水系统，各自设闸控制，独立排水入河。这种排水系统又称为河网化排水系统，其排水沟道的断面既要满足排水要求，又要满足通航、养殖要求，一般比降较小，断面较大。

三、骨干排水沟道布置

排水沟道的布置，受地形、水文地质、土质、容泄区等自然条件以及行政区划、灌溉系统规划和现有工程状况等因素的影响。在进行布置时，首先应收集排水系统规划布置所需的地形、土壤、水文气象、水文地质、作物以及社会经济等资料，只有掌握全面可靠的资料，才能进行科学的规划布置。为保证规划布置经济合理，一般应进行多个方案比较，从中选出最优方案。

布置时，一般是先根据地形和容泄区的位置等条件进行干沟布置，然后再进行其他各级沟道的布置。地形是排水沟道布置的主要依据，山丘区灌区、平原区灌区和圩垸灌区因地形条件不同，其布置各有特点。

山丘区，地形起伏大，地面坡度较陡，天然的河沟较多，排水条件较好。这类灌区，可充分利用天然河沟作为排水干沟或支沟，这样布置的排水沟道，既顺应了原有的排水条件，不打乱天然的排水出路，保证排水顺畅，同时又节省大量的工程投资。此外，山丘灌区除考虑灌区内的排水外，为了防止降雨时山洪冲毁渠道，需在盘山渠道上侧布置撇洪沟。山丘灌区的排水主要应解决由暴雨产生的山洪和涝水所造成的灾害。

平原灌区，地面坡度平缓，河沟较多，地下水位较高，除有洪涝灾害外，常有渍害和盐碱灾害。这类灌区排水沟道布置应坚持排除地面径流和控制地下水位并重，干、支沟布置，除应尽量利用原有河沟外，由于地形平坦，在布置新的沟道时，一般有多个布置方案可供选择，应本着经济合理、综合利用、管理方便的原则，择优选择布置方案。

圩垸灌区分布在沿江、沿湖地区，地势平坦低洼，河湖形成密集的水网，汛期外河水位常高于圩内农田，圩区内降雨产生的径流难以排出，存在外洪内涝的威胁，地下水位较高，作物常受渍害。圩内的水利工程应以排水沟道的合理布置为基础进行考虑，在排水较困难的情况下，为尽量创造自流排水条件，应实行高低分开，分片排水，高水自排，低水抽排。为增大滞蓄能力，加速田间排水，减少排涝强度，规划时应考虑留有一定的滞蓄面积，一般应占总排水面积的5%～10%。干、支沟道应尽量利用原有河道，必要时可采取一定的整治措施。

干沟的布置，除考虑地形条件以外，还应充分考虑排水容泄区的水位条件，尽量满足自排要求，干沟沟口应选在河床稳定且水位较低的地方，以便保证排水通畅，安全可靠。

斗、农沟的布置，一般应结合地形、灌溉、机耕、行政区划、田间交通等要求，相互协调。斗、农沟和斗、农渠一般根据地形条件采用灌排相邻或灌排相间的布置形式。有控制地下水位要求的灌区，布置农沟时，其间距必须满足控制地下水位的要求。

第四节　排水沟道设计

排水沟道设计的主要任务是确定符合排水及综合利用要求的排水沟纵横断面尺寸，排水沟道的纵横断面设计是相互联系的，应相互配合进行。在进行排水沟道断面设计之前，应首先确定设计流量和设计水位。

一、排水沟的设计流量

排水沟的设计流量是确定排水沟道断面尺寸的主要依据，排水沟的设计流量包括排涝设计流量和排渍设计流量。

（一）排涝设计流量

排涝设计流量又称最大设计流量，系指在发生除涝设计标准规定的设计暴雨时，排水沟应通过的最大流量。

1. 除涝设计标准

除涝设计标准是确定除涝设计流量和排水工程规模的重要依据，除涝设计标准越高，排涝设计流量和排水工程规模越大，工程投资越多，抵御涝灾的能力越高，但工程的利用率不高；反之，设计标准越低，工程规模越小，投资少，但抵御涝灾的能力越低，作物越易受涝。除涝设计标准应根据各地农业发展要求、自然条件、社会经济条件、涝灾情况等综合分析确定。

除涝设计标准包括暴雨重现期、暴雨历时和除涝时间3方面内容，一般用某一设计频率（或重现期）的几日暴雨几日排除，使作物不受涝来表示。目前我国大多数地区采用的暴雨重现期为5～10年一遇，暴雨历时和排除时间，对于旱作物一般采用1～3d暴雨1～3d排除，对于水稻一般采用1～3d暴雨3～5d排至允许水深，经济条件较好或有特殊要求的地区，设计标准可适当提高；经济条件较差的地区，也可适当降低设计标准。表6-8列出了部分地区排涝标准，可供参考。

表6-8　　部分省（区、市）除涝标准

地　　区	设计重现期(a)	设计暴雨和排涝天数
湖北洪湖地区	10	1d暴雨3d排至作物耐淹水深 3d暴雨5d排至作物耐淹水深
湖南洞庭湖区	10	3d暴雨180～250mm，3d排至作物耐淹水深
广东珠江三角洲	10	24h暴雨200～300mm，2d排至作物耐淹水深
广　西	10	1d暴雨3d排至作物耐淹水深
河南开封、商丘地区	3～5	3d暴雨旱作物1～2d排干
安徽巢湖、安庆地区	5～10	3d暴雨200～250mm，3d排至作物耐淹水深
江　苏		水稻黄秧期日雨150～200mm，2d排完（不考虑田间滞蓄）
浙江杭嘉湖地区	5～10	3d暴雨300mm，4d排至作物耐淹水深
江西鄱阳湖地区	5	3d暴雨3～5d排至作物耐淹水深
辽宁平原区	5～10	3d暴雨130～170mm，3d排完
吉　林	10	1d暴雨120mm，2d排出
黑龙江三江平原	5～10	1d暴雨2d排除
上　海	10～20	24h暴雨170～200mm，2d排完（不考虑田间滞蓄）

2. 排涝设计流量

排涝设计流量可用实测的流量资料或暴雨资料进行推求，生产实践中，因流量资料缺乏，同时流量资料受人为活动的影响较大，采用流量资料推求排涝设计流量比较困难，所以排涝设计流量一般采用暴雨资料进行推求，常用的方法有以下两种。

（1）地区排涝模数经验公式法。单位面积上的排涝流量称为排涝模数。在排涝设计流量的计算中，一般先求排涝设计标准下的排涝模数，然后乘以排涝面积即得排涝设计流量。排涝模数受设计暴雨、排涝面积的大小和形状、地面坡度、地面覆盖、土壤性质、水

文地质条件、排水沟的配套情况等等因素影响。生产实践中，排涝模数多根据经验公式进行计算，常用的经验公式为

$$q=KR^{m}F^{n} \tag{6-5}$$

式中 q——设计排涝模数，$m^3/(s\cdot km^2)$；

F——排水沟道控制的排涝面积，km^2；

R——设计径流深，mm；

K——综合系数，反映排水沟的配套、排水沟的坡度、降雨历时、流域形状等因素；

m——峰量指数，反映洪峰和洪量的关系；

n——递减指数，反映排水模数与面积的关系。

上述经验公式应用方便，且具有一定精度，应用较广泛，它使用设计暴雨产生的最大径流量计算排涝模数，这种方法适用于大型骨干沟道。目前各地区在应用时，均根据所在地区的除涝标准，确定了公式中的系数和指数，表6-9为部分地区排涝模数经验公式各项系数和指数，供参考，也可从当地《水文手册》中查得。

在应用上述公式时，除选定 K、m、n 之外，还要确定设计暴雨 P，再由它推求设计径流深 R。

表6-9　部分地区排涝模数经验公式各项系数和指数表

流域或地区	适用范围（km^2）	$K_{日平均}$	m	n	设计暴雨日数（d）
淮北平原地区	500～5000	0.026	1.0	−0.25	3
河南省豫东地区		0.030	1.0	−0.25	1
山东省湖西地区	2000～7000	0.031	1.0	−0.25	3
山东省邳苍地区	100～500	0.031	1.0	−0.25	1
河北省平原区	>1500	0.058	0.92	−0.33	
	200～1500	0.032	0.92	−0.25	
	100以下	0.040	0.72	−0.33	
湖北省平原湖区	≤500	0.0135	1.0	−0.201	1
	>500	0.017	1.0	−0.238	1
江苏省苏北平原区	10～100	0.0256	1.0	−0.18	1
	100～600	0.0335	1.0	−0.24	1
	600～6000	0.049	1.0	−0.30	1

设计暴雨的确定，在排涝面积较小时，可用点雨量代替面雨量，排涝面积较大时，应直接统计流域面雨量，进行频率计算，求出设计面雨量，也可通过暴雨点面关系图，求面雨量。排水沟起控制作用的暴雨是形成洪峰的短历时暴雨，因此，应选短历时暴雨作为规划设计排水沟的依据。根据实测资料分析，对于100～500km^2的排水面积，成峰暴雨一般由一日暴雨形成；对于500km^2以上的排水面积，成峰暴雨一般由三日暴雨形成。表6-10为淮北平原区不同除涝标准和排涝面积的3日设计暴雨值。

表 6-10　　淮北平原区不同除涝标准和除涝面积的 3d 设计暴雨值　　单位：mm

除涝标准 \ 除涝面积（km^2）	100	500	1000	2000	3000	4000	5000
3 年一遇	135	130	126	121	118	115	113
5 年一遇	166	157	152	145	140	136	134
10 年一遇	207	195	185	174	166	161	158
20 年一遇	248	232	219	204	195	189	184

平原地区降雨径流关系，除与降雨量本身有关外，还与流域的土壤含水量和地下水埋深有关。目前常用的推求径流的方法是采用考虑前期影响雨量 P_a，根据实测资料，建立 $P+P_a—R$ 的关系曲线，由设计暴雨直接查得设计径流。对于小汇水面积上的径流深也可用设计暴雨乘以径流系数求得。如淮北平原地区，当除涝标准 3～5 年一遇时，$P_a=45mm$；10～20 年一遇时，$P_a=55mm$，次降雨径流关系见表 6-11。

表 6-11　　淮北平原地区次降雨径流值表　　单位：mm

地区 \ $P+P_a$（mm）	50	75	100	125	150	175	200	225	250	275	300
沿淮各支流区	12.0	19.8	28.9	40.7	56.0	74.0	95.0	120.0	145.0	170.0	195.0
泉河沈丘以上	12.0	18.0	25.0	36.0	50.0	68.0	87.6	110.0	135.0	160.0	185.0
浍河临渔黄口以上	8.0	13.2	21.0	31.0	45.0	61.2	80.5	102.0	125.0	150.0	175.0
黑茨河省界以上	5.5	10.2	16.5	26.9	40.0	55.5	73.0	93.0	116.0	140.0	165.0
王引河省界以上	5.5	10.0	15.7	25.5	37.5	52.5	69.5	89.5	111.5	135.0	160.0
沱河永城以上	5.0	9.0	15.0	24.3	35.8	49.5	66.0	86.0	107.5	131.0	155.0
惠济河、涡河省界以上	5.0	8.5	14.0	21.0	31.5	45.0	59.0	76.0	96.0	117.0	140.0

【例 6-1】　淮北平原地区沱河流域某排水沟道，设计断面以上控制排涝面积为 $500km^2$，除涝标准采用 10 年一遇，求该断面的设计排涝模数和设计排水流量。

解：

根据除涝标准和控制排涝面积，从表 6-10 中查得 10 年一遇设计 3d 暴雨量 $P=195mm$，10 年一遇的前期影响雨量 $P_a=55mm$，$P+P_a=250mm$，再从表 6-11 中查得设计径流深 $R=107.5mm$，从表 6-9 中查得 $K=0.026$，$m=1.0$，$n=-0.25$，将以上数值代入排涝模数经验公式

$$q=0.026RF^{-0.25}=0.026\times107.5\times500^{-0.25}=0.592\ m^3/(s\cdot km^2)$$

$$Q=qF=0.592\times500=296\ m^3/s$$

（2）平均排除法。对于控制面积较小的田间排水沟，在不超过作物允许的耐淹历时条件下，可允许地面径流短时间内漫出排水沟，因此，可用排水面积上的设计径流深在规定的排水时间内平均排除的方法计算排涝模数或排涝流量。其计算公式为

$$q=\frac{R}{3.6Tt} \tag{6-6}$$

$$Q=\frac{RF}{3.6Tt} \tag{6-7}$$

式中 q——设计排涝模数，$m^3/(s \cdot km^2)$；

Q——设计排涝流量，m^3/s；

R——设计径流深，mm；

T——排水历时，d；

t——每天的排水时间，自流排水 $t=24h$，抽水排水 $t=20\sim22h$；

F——排涝面积，km^2。

当排水区域内既有水田又有旱地时，由于水田和旱地的径流深不同，应先分别计算水田和旱地的排涝模数，然后按水田和旱地所占面积的比加权平均，求得整个排水区域的排涝模数和排涝流量。

（二）排渍设计流量

排渍设计流量又称日常设计流量，其大小与地区气象、土质、水文地质、排水沟密度有关，它是指地下水位在要求控制深度时的一个经常性的比较稳定的流量。单位面积上的地下排水流量称为地下排水模数，一般根据实测资料分析确定，或采用经验数值，表 6-12 可供参考。

表 6-12　　地下排水模数表

土　　质	地下排水模数 $[m^3/(s \cdot km^2)]$
轻砂壤土	0.03～0.04
中壤土	0.02～0.03
重壤土、粘土	0.01～0.02

二、排水沟的设计水位

排水沟的设计水位包括日常设计水位和排涝设计水位。

（一）日常设计水位

日常设计水位又称排渍设计水位，它是排水沟道经常保持的水位，该水位通常根据控制地下水位的要求兼顾通航等其他方面要求而定。

排水农沟的日常水位应低于允许的地下水埋藏深度 0.2～0.3m，如图 6-12。斗、支、干沟的水位可由控制点地面高程逐级推求，见图 6-13。计算公式为

$$H_{日常}=A_0-D_{农}-\sum Li-\sum \Delta z \tag{6-8}$$

式中 $H_{日常}$——某级排水沟沟口处的日常水位，m；

A_0—排水区内控制点（相对最低点）的地面高程，m；

L——各级沟道的长度，m；

i——各级沟道的水面比降；

Δz——各级沟道上的局部水头损失，m；

$D_{农}$——日常水位离地面的距离，m。

在自流排水地区，按上式推算的干沟沟口日常水位应高于外河的平均枯水位，至少应与之持平。否则，要适当减小各级沟道的比降，重新进行计算。

（二）排涝设计水位

排涝设计水位又称最高水位，是排水沟通过排涝设计流量时的水位。当排水沟有滞涝任务时，则满足滞涝要求的沟中水位也可作为排涝水位。

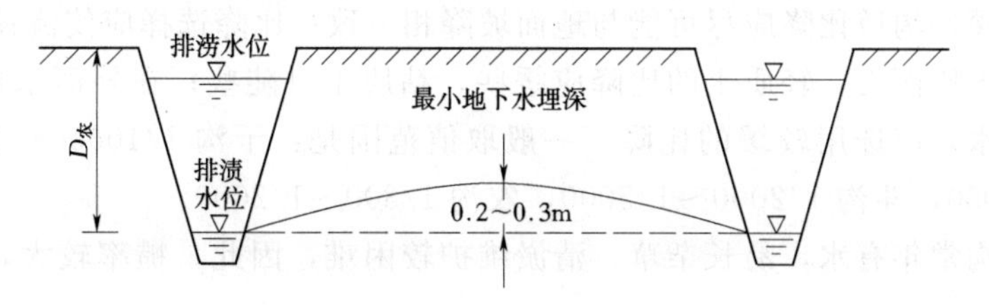

图 6-12　农沟的排渍水位和排涝水位

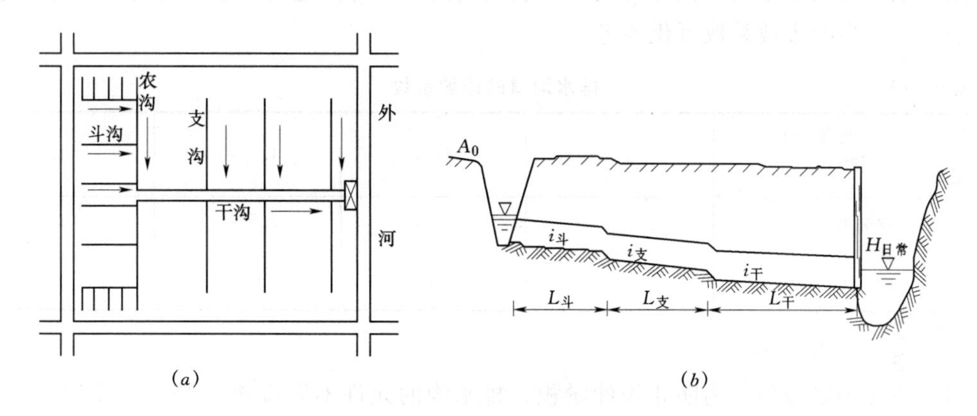

图 6-13　排水沟水位衔接图

当容泄区水位较低，即排水条件较好时，各级沟道排涝水位可按式（6-8）推求，此时式中 $D_{农}$ 应是排涝水位到地面的距离，一般为 0.2～0.3m，最多与地面持平。也可根据容泄区水位确定一个能自排的干沟出口排涝水位，从这个水位开始，逐级推出符合自排要求的支、斗沟的排涝水位。

当容泄区汛期水位较高，干沟出现短时的壅水现象，这时壅水段的排涝水位应按壅水水位线设计。

当外河汛期水位很高，且持续时间很长，无法自流排水时，干沟沟口需建闸控制外水倒灌，无抽排设施时，涝水只能靠排水沟网滞蓄，这种情况下，排涝水位以低于地面 0.2～0.3m 为宜，最高与地面齐平。

三、排水沟断面设计

排水沟道的断面设计的主要任务是确定符合排水及其他综合利用要求的纵横断面尺寸，下面介绍横断面和纵断面设计的基本方法。

（一）横断面设计

排水沟的横断面设计一般按明渠均匀流公式进行计算，但当有壅水现象时，需按非均匀流公式推算沟道的水面线，确定沟道断面和堤顶高程。

横断面水力计算的方法在渠道设计中已介绍过，这里不再重述，下面仅就有关设计参数的选用及断面校核等问题进行介绍。

1. 设计参数的选用

横断面设计的主要参数包括沟道比降、糙率和边坡系数。沟道比降对沟道水位、流速以及工程量的影响很大，选定时应考虑沟道沿线的地形、土质以及容泄区的水位等条件。

为避免开挖太深，沟道比降应尽可能与地面坡降相一致；比降选择应使流速维持在不冲不淤范围内；就土质而言，轻质土的比降应缓些，粘质土可陡些；在外河水位较高的地区，为保证自流排水，应选用较缓的比降。一般取值范围是：干沟 1/10000～1/20000，支沟 1/4000～1/10000，斗沟 1/2000～1/5000，农沟 1/800～1/2000。

由于排水沟常年有水，易长杂草，清淤维护较困难，因此，糙率较大，一般为 0.025～0.030。

边坡系数与沟道土质和沟深有关，土质轻，沟深大时，边坡系数应大些；反之，应小些。表 6-13 中的边坡系数可供参考。

表 6-13　　排水沟道的边坡系数

挖深（m）/土质	4～5	3～4	1.5～3	<1.5
砂壤土	≥4	3～4	2.5～3	2
壤　土	≥3	2.5～3	2～2.5	1.5
粘　土	≥2	2	1.5	1

2. 排水沟断面校核

(1) 不冲不淤校核。为防止泥沙淤积，排水沟的允许不淤流速一般为 0.2～0.3m/s，允许不冲流速的大小，主要决定于土壤质地，可参考表 6-14 选用。

表 6-14　　排水沟允许不冲流速表

土壤类别	不冲流速（m/s）	土　壤　类　别	不冲流速（m/s）
淤　土	0.2	粗砂土（d=1～2mm）	0.6～0.75
重粘壤土	0.75～1.25	中砂土（d=0.5mm）	0.4～0.6
中粘壤土	0.65～1.00	细砂土（d=0.05～0.1mm）	0.25
粘壤土	0.6～0.9		

(2) 综合利用断面校核。排水沟横断面设计，一般先按日常设计流量计算底宽和日常水深，然后根据日常水位确定沟底高程，再通过排涝设计流量校核底宽和排涝水深。排水沟横断面形式一般为全挖方梯形断面，如图 6-14。若按排涝要求和排渍要求计算的断面相差很大时，也可设计成复式断面（图 6-15），利用下部的小断面控制地下水位、通过排渍流量，而用全部断面通过排涝设计流量。

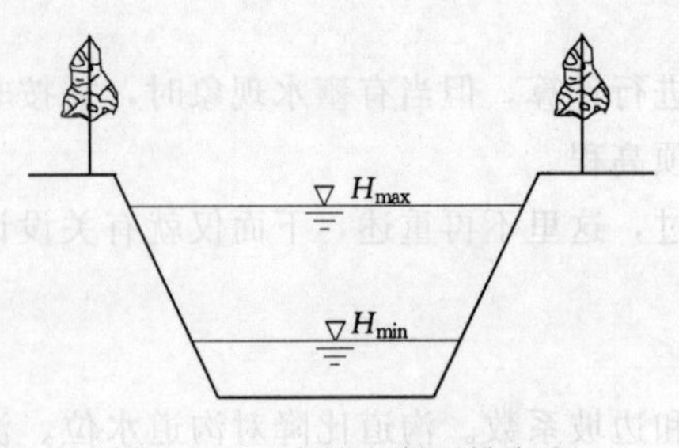

图 6-14　全挖方断面排水沟

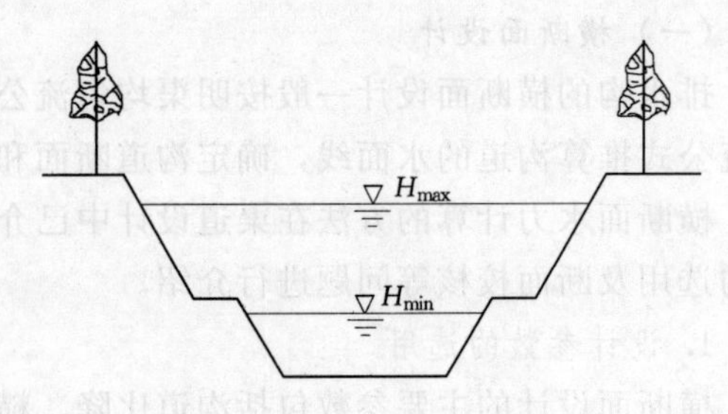

图 6-15　复式断面排水沟

对于综合利用的排水沟道，还应根据通航、养殖、滞涝和引水灌溉要求对其进行校核。水产养殖要求沟道经常保持一定的水深，一般应大于1m；通航应根据船只的吃水深度和船只的宽度对沟深和沟宽进行校核；滞涝应根据设计要求的滞蓄容积进行校核；排水沟道用于引水灌溉时，因是反向引水，所以需按非均匀流公式计算排水沟引水灌溉时的水面曲线，以便校核排水沟的输水距离和水位等是否满足灌溉要求。

（二）纵断面设计

排水沟纵断面设计的主要内容是确定沟道的最高水位线、日常水位线和沟底高程线，并为沟道建筑物提供设计水位、沟底高程等设计资料。

为保证在排水过程中，不产生壅水现象，上、下级沟道的日常水位、干沟沟口水位与容泄区水位之间要有0.1～0.2m的水面落差。

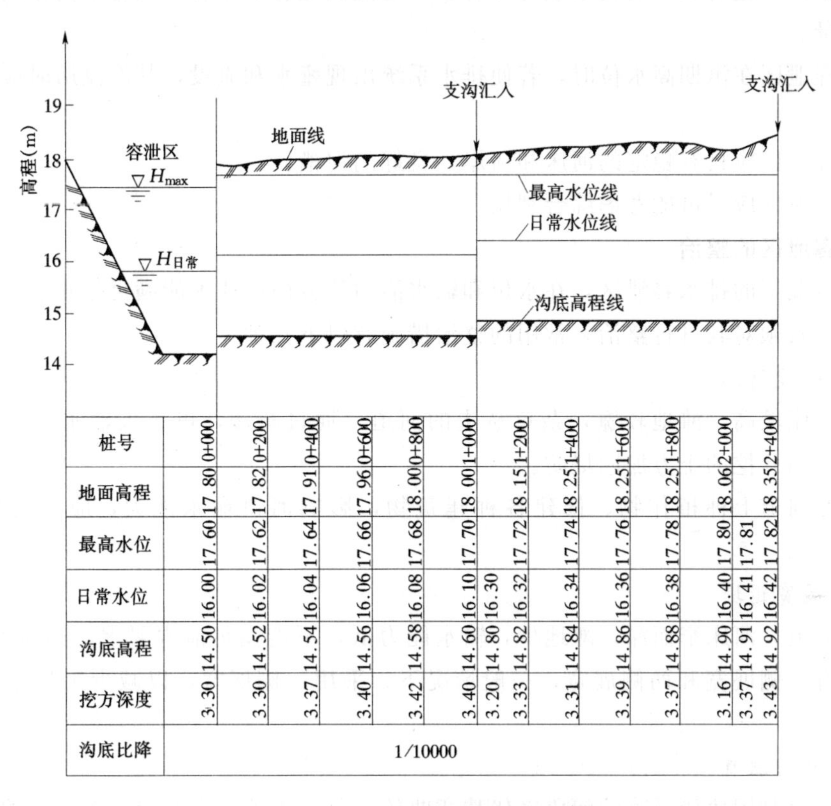

桩号	0+000	0+200	0+400	0+600	0+800	1+000		1+200	1+400	1+600	1+800	2+000		2+400
地面高程	17.80	17.82	17.91	17.96	18.00	18.00		18.15	18.25	18.25	18.25	18.06		18.35
最高水位	17.60	17.62	17.64	17.66	17.68	17.70		17.72	17.74	17.76	17.78	17.80	17.81	17.82
日常水位	16.00	16.02	16.04	16.06	16.08	16.10	16.30	16.32	16.34	16.36	16.38	16.40	16.41	16.42
沟底高程	14.50	14.52	14.54	14.56	14.58	14.60	14.80	14.82	14.84	14.86	14.88	14.90	14.91	14.92
挖方深度	3.30	3.30	3.37	3.40	3.42	3.40	3.20	3.33	3.31	3.39	3.37	3.16	3.37	3.43
沟底比降	1/10000													

图6-16　排水干沟纵断面图

排水沟纵断面图绘制步骤以图6-16为例说明如下：

（1）根据排水系统平面布置图，按沟道沿线各桩号的地面高程，绘出地面高程线。

（2）根据控制地下水位的要求及选定的沟底比降，绘出日常水位线。

（3）自日常水位线向下，以日常水深为间距作平行线，绘出沟底高程线。

（4）由沟底高程向上，以最大水深为间距作平行线，绘出最高水位线。

（5）标出各桩号点的地面高程、最高水位、日常水位、沟底高程、挖方深度和沟底比降等。

第五节 排水容泄区

位于排水区域以外，承纳并宣泄排水系统排出水量的河流、湖泊、海洋等称为排水容泄区，它是排水系统的重要组成部分。

一、排水容泄区应满足的要求

(1) 容泄区应具有较低的水位。在排除日常流量和汛期排除排涝设计流量时，容泄区的水位均要求低于干沟出口处相应的日常水位和最高水位，以免造成排水系统壅水和淹没现象。

(2) 容泄区应有足够的输水能力和容量。应能满足宣泄或容纳从排水沟排出的全部设计排涝流量。

(3) 容泄区在汛期高水位时，若使排水系统出现壅水和淹没，其淹没历时应在允许范围内。

(4) 容泄区应具有稳定的河床和河岸，良好的河槽。

(5) 容泄区应尽可能考虑综合利用。

二、容泄区的整治

天然情况下的排水容泄区，在水位和输水能力等方面往往不能满足排水系统的排水要求，为此，必须对其进行整治，常用的整治措施有以下几种：

(一) 疏浚清障

对于河床较高，滩地较宽，杂草丛生的河道，通过疏浚，可扩大输水能力，稳定主流，并可利用开挖的土方加固堤防。

对于在河道上种植作物、修建各种建筑物，影响河道输水能力，应按有关规定予以清除。

(二) 展宽退堤

有些河道，河床窄而深，滩地少，输水能力低，不能满足泄水要求，则需展宽退堤。展宽退堤有一侧展宽和两侧展宽，一般情况下，采用一侧展宽，以减少工程量和减少挖压农田。

(三) 裁弯取直

裁弯取直是用比较平直的河段来代替弯曲的河段，改善河道的泄流条件，缩短河道流程，如图6-17。裁弯以后，新河由于流线较直，比降和流速加大，水流挟沙能力增强，便可扩大河道的输水能力。

裁弯取直后的新河，要求在整体上形成一条平顺的曲线，以免造成上游发生冲刷，下游发生淤积。裁弯取直措施一般只适用于流速较小的中、小河流。

(四) 束窄堵支

对于局部河宽过大，河叉众多，流速迟缓，主流游荡的河流，可采取束窄河宽，堵支强干，引导流向，保护河岸，使河床达到水深、流速和稳定等都比较适宜的规则断面。束窄堵支常采用的建筑物形式有以下几种：

1. 顺坝

顺坝是平行水流方向修建的束水建筑物，用来束窄河床，引导水流，改善水流状况。顺坝大多修建在河道凹岸，离河岸较近，坝身较长，如图 6－18。

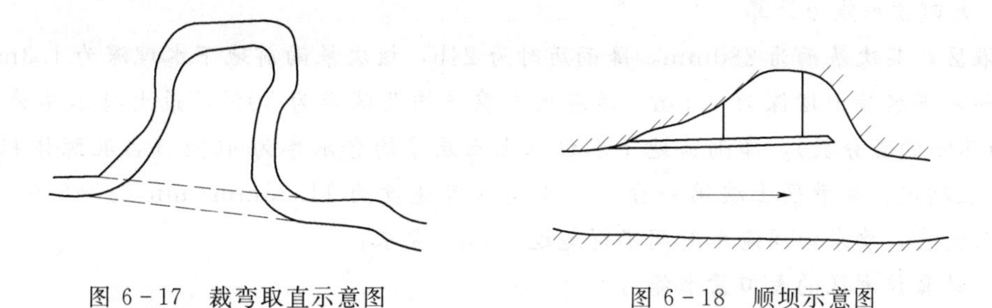

图 6－17　裁弯取直示意图　　　图 6－18　顺坝示意图

2. 丁坝

丁坝是由河岸伸向河槽，与河岸成丁字形的横向束水建筑物，有束窄河床，调整流向，改变流速，保护河岸，控制泥沙的作用，如图 6－19。

3. 堵支坝

堵支坝多用于支叉众多，水系紊乱的河流，为形成单一河床，使水流集中，河床稳定，并缩短防洪堤线，常采用堵塞支流，加强干流的办法，如图 6－20。

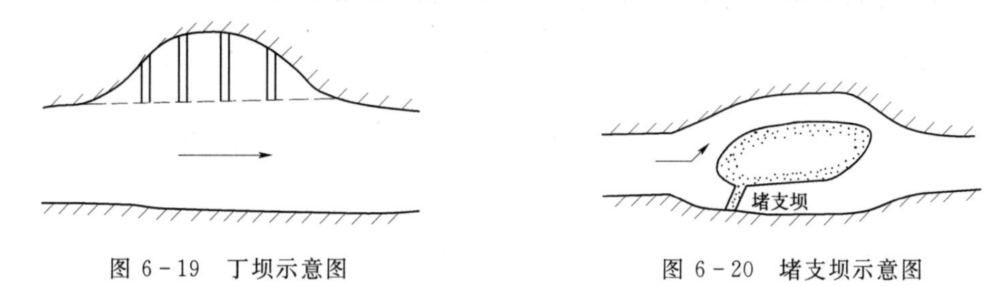

图 6－19　丁坝示意图　　　图 6－20　堵支坝示意图

（五）加固堤防

堤防是河道整治中常用的一项工程，其作用是保持河道稳定，增加过水断面，扩大输水能力，改善排水条件。加固堤防就是根据输水要求，加高加厚堤身，对堤防存在的各种隐患，及时采取措施进行处理。

思考与练习

1. 排水方式有哪些？田间排水的任务是什么？

2. 田间排水网常用的形式有哪些？各形式有哪些主要特点及适用条件？

3. 暗管排水系统由哪几部分组成？各部分的作用是什么？

4. 田间排水沟沟深与间距有何关系？如何确定沟深和间距？

5. 排水系统规划布置的原则是什么？不同类型灌区的排水沟道规划布置各有何主要特点？

6. 何谓排涝模数？排水沟的设计流量如何确定？

7. 排水沟设计时日常水位的作用及确定方法？

8. 排水沟道断面设计的主要内容及一般的方法步骤？

9. 排水容泄区应满足哪些基本要求？容泄区整治常用的措施有哪些？

10. 大田蓄水能力计算

某灌区，某次暴雨为280mm，降雨历时为24h，该次暴雨前地下水埋深为1.3m，雨后允许的地下水最小埋深为0.5m。该灌区土壤平均孔隙率为50%，最大持水率为65%（占孔隙体积的百分数），降雨前地下水位以上土层平均含水率为40%（占孔隙体积的百分数）。经测定，该灌区土壤第一分钟内平均入渗速度为11.25mm/min，$\alpha=0.6$。根据作物生长需要，要求田间淹水时间不得超过1.5d。要求：

(1) 计算该灌区的大田蓄水能力？

(2) 在允许的淹水时间内，渗入土壤的水量是多少？这些水量能否蓄得下？

11. 某平原易涝灌区，面积190km^2，经规划在该灌区布置1条干沟、5条支沟，5条支沟控制的排水面积分别为42km^2、37km^2、27km^2、44km^2、40km^2，该灌区设计排涝标准为10年一遇1d暴雨130mm 2d排除，该地区排涝模数经验公式为$q=0.031RF^{-0.25}$，径流系数为0.30。要求：

(1) 用平均排除法计算各支沟的设计排涝流量和排涝模数？

(2) 用排涝模数经验公式法计算干沟的排涝流量和排涝模数？

第七章 井灌规划

井灌是利用水泵等提水工具，提取地下水进行的农田灌溉。随着经济的可持续发展，在充分利用地表水的同时，积极开发利用地下水，已成为解决水资源不足的一条重要途径。井灌在北方平原地区的农田灌溉中占有相当大的比重，它具有水源比较稳定、灌溉保证率高、输水线路短、便于与节水灌溉方法相结合等特点。对于易涝易渍易碱的平原地区，井灌还能起到控制地下水位，防治盐碱和渍害的作用。

在井灌规划中，首先要较全面地了解地下水的类型、特点、补给、排泄以及开采的可能性等有关地下水的基本知识，为合理地开发地下水打好基础。井是井灌的取水建筑物，对常用井型的特点、构造应有一定的了解，在此基础上进行单井的设计和井灌区规划。

第一节 地下水资源评价

一、地下水的主要类型

地下水是埋藏于地面以下，存在于土层或岩层的孔隙中并可流动的水体。地下水资源是指在水文循环过程中，可以恢复的、有利用价值的地下水量，是自然界水循环的重要组成部分，在一定条件下，地下水可与土壤水、地表水相互转化。

地面以下的土层，通常以地下水位为界面，分为包气带和饱水带两部分。包气带是指地面以下，地下水位以上的土层，包气带中，土壤的孔隙没有被水充满，含有空气，水分以吸着水和毛管水等形态存在。包气带是地表水与地下水相互转化的过渡带，受气象条件的影响较大。包气带中的水称为土壤水。饱水带是指地下水位以下的土层，其孔隙被重力水充满，含水量达到饱和，不含空气。饱水带中的水即是地下水，其含量比较丰富，且动态变化较为稳定。

地下水的形成必须具备 3 个条件：一是有补给来源，二是有能储水和透水的含水层，三是底部有隔水层。含水层是指充满水且能透水并能给出水的岩层，它是地下水储存的场所。常用给水度来衡量含水层的给水性，给水度是指在重力作用下，含水层自由排出的水体积与该含水层体积的比值。影响给水度的主要因素有含水层的孔隙度、孔径大小、水温、水质等，其具体数值可通过试验确定。常见含水层的给水度如表 7-1 所示。

表 7-1　　常见含水层给水度经验数值表

岩层名称	给水度	岩土名称	给水度
粘　土	0.02～0.035	细　砂	0.08～0.11
亚粘土	0.03～0.045	中　砂	0.09～0.13
亚砂土	0.035～0.06	粗　砂	0.11～0.15
粉　砂	0.06～0.08	砂砾石	0.13～0.20

隔水层是指含水层周围的不透水地层，又称不透水层，一般把渗透系数小于0.001m/d的岩层或土层作为隔水层。

地下水按其埋藏条件通常可分为上层滞水、潜水和承压水，其分布埋藏情况如图7-1所示。

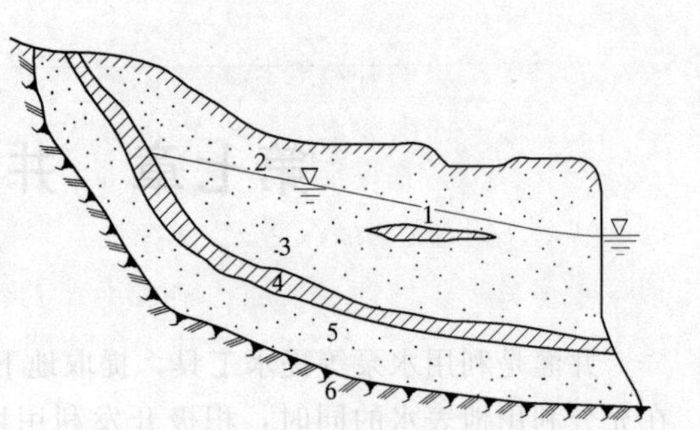

图7-1　地下水分布图

1—上层滞水；2—潜水自由表面；3—潜水；4—粘土层；5—承压水；6—不透水层

（一）上层滞水

上层滞水是埋藏于包气带中局部隔水层之上的地下水。它是由于下渗水流受到局部不透水层截留积聚而形成的，其主要特征是：

（1）分布面积不大，埋藏较浅。

（2）具有自由表面。

（3）水位、水量、水质易受当地气候和水文条件的影响。

（4）补给区与分布区基本一致。

（5）水量较少，具有明显的季节性。

（二）潜水

埋藏于地面以下，第一个稳定的隔水层以上岩层或土层中的具有自由表面的地下水称为潜水。潜水的自由表面叫潜水面，潜水面到隔水层的垂直距离为潜水含水层厚度，潜水面到地面的垂直距离为潜水埋深，潜水面的绝对高程称为潜水位。潜水具有以下特征：

（1）潜水具有自由表面，静水压力表现不突出。

（2）潜水的补给区与分布区通常是一致的，因此补给条件较好。降水、灌溉、河流等均可直接补给潜水。

（3）潜水分布广泛，埋藏较浅，开采、补给均较容易，是农田灌溉的主要水源。

（4）潜水易受当地气候和水文条件的影响，水位、水量、水质等动态变化较大。

（三）承压水

埋藏于地面以下，储存在两个隔水层之间的含水层中并承受一定静水压力的地下水。两个隔水层之间的垂直距离为承压水含水层厚度，承压水的两个隔水层并非完全不透水，只是相对于透水性强的含水层，其透水性很弱。承压水具有以下特征：

（1）承压水承受着静水压力，无自由表面。由于受静水压力的作用，所以当钻孔穿透含水层上面的隔水层时，承压水会沿钻孔上升一定高度，上升高度的大小取决于所受静水压力的大小。如有的承压水因所受的静水压力大，而上升到地面以上，这就是自流井形成的原因。因此，承压水面的深度并不反映承压水的实际水位。

（2）承压水埋藏较深，开采与补给较困难。一般在地面以下呈多层分布，储存量大，水质较好。由于承压水开采后补给较困难，开采过量时，可能会引起地面下沉、水位持续下降、水质变坏等一系列问题。

（3）承压水受当地气候、水文条件影响较小。水位、水量、水质等较稳定，随季节变化不明显。

（4）承压水的分布区与补给区一般不一致。补给区一般远离分布区，且小于分布区，不易得到当地地表水的补给。

二、地下水的补给与排泄

衡量地下水资源的丰富程度主要看地下水的补给量和排泄量，地下水在人工开发利用之前，其补给量和排泄量，主要取决于地下水的埋藏条件以及土壤和自然气象条件，其时空变化较为稳定，具有一定的规律性。一般情况下，丰水年或暴雨季节，降雨补给量大，地下水位升高，储存量增加；枯水年或干旱季节，降雨补给减少，蒸发消耗增加，地下水位下降，储存量减少。在一年或多年周期内，地下水的储存量一般能维持均衡，其变化呈现出明显的规律性。

地下水在人为开发利用或灌溉排水工程影响下，其补给和排泄的条件，因受人为因素的影响将发生一定的变化。例如，在井灌的情况下，由于地下水被大量提取，水位下降，储存量减少，水力条件也发生变化，但经过一定的时间后，在新的补给和排泄条件下，将重新出现平衡，但这种平衡应满足合理利用地下水资源的要求。在井排的条件下，田间排水也会加大地下水的排泄量，造成储存量的减少。

为了合理开发利用地下水资源，使地下水在灌溉排水条件下得到合理的平衡，必须全面准确地确定地下水的补给和排泄。

（一）地下水的补给量

1. 降雨入渗补给量

降雨是潜水的主要补给来源，降雨入渗补给量直接影响潜水的动态变化，降雨补给受到地形、土质、潜水的埋深、降雨情况等因素的影响，一般在地面坡度缓、土壤透水性大、潜水埋深浅、降雨历时长、强度大的条件下，降雨入渗补给量大，反之，降雨入渗补给量少。降雨入渗补给量一般采用经验方法进行计算，如降雨入渗补给系数法，其公式为

$$W_1 = \alpha PF \tag{7-1}$$

式中 W_1——降雨入渗补给量，m^3；

α——降雨入渗补给系数，%；

P——多年平均降雨量，m；

F——计算补给区面积，m^2。

降雨入渗补给系数是指在一定时段内降雨补给地下水的水量与同期降雨量之比值，其经验数值如表7-2所示。

表7-2　降雨入渗补给系数 α 经验数值表　单位：%

土质	地下水埋深 (m)				
	0.5	1.0	1.5	2.0	3.0
亚粘土	47.0	35.1	28.1	23.7	20.8
亚砂土	46.4	36.9	31.4	28.0	—
黄土质亚砂土	56.9	42.6	34.1	28.7	25.2
粉砂土	56.6	48.7	43.7	39.1	—
砂砾石	65.7	67.6	68.7	69.0	64.4

2. 河流与大型沟渠补给量

河流与大型沟渠的渗漏是潜水的又一主要补给来源，当河流与沟渠中的水位高于两岸

的潜水位时，河渠的渗漏水就会补给潜水，其补给量可用以下两种方法确定：

（1）根据河流与沟渠测水资料确定。选择一定长度河渠段，测定其进出口断面的流量，若不考虑河渠的水面蒸发量，则进出口断面的流量之差除以河渠段长度，即得单位长度河渠对地下水的补给量。

（2）根据观测井资料估算。在河流和沟渠岸边，垂直地下水流方向布设观测井，根据观测井测得的水位进行估算

$$W_2 = KIA_0LT_1 \tag{7-2}$$

式中 W_2——河渠一侧的渗漏补给量，m^3；

K——含水层的平均渗透系数，m/d，见表 7-3；

I——地下水的水力坡降；

A_0——单位长度河道垂直于地下水流方向的剖面面积，m^2/m；

L——计算河道长度，m；

T_1——渗漏时间，d。

表 7-3　　各种岩层渗透系数表　　单位：m/d

岩　性	渗透系数	岩　性	渗透系数
亚粘土	0.001～0.10	中　砂	5.0～20.0
亚砂土	0.10～0.50	粗　砂	20.0～50.0
粉　砂	0.50～1.0	砾　石	50.0～150.0
细　砂	1.0～5.0	卵　石	150.0～500.0

3. 灌溉补给量

灌溉对地下水的补给，包括田间灌水入渗补给和渠系输水渗漏补给两部分，这里主要指支渠以下的灌溉水渗漏补给。其计算公式如下：

$$W_3 = W(1-\eta) \tag{7-3}$$

式中 W_3——在某一时段内，支渠以下的渗漏补给量，m^3；

W——支渠引进的总水量，m^3；

η——支渠以下灌溉水利用系数。

4. 越层补给量

在承压水层的压力水位与潜水位不同时，由于含水层之间存在着水头差，二者之间存在着相互补给，承压水位高于潜水位时，承压水补给潜水，当潜水位高于承压水位时，潜水补给承压水，其补给量可用式（7-4）计算。

$$W_4 = F_1t_2K_e\Delta H \tag{7-4}$$

式中 W_4——越层补给量，m^3；

K_e——越流系数，即 $K_e = K'/M'$（其中 K' 为弱透水层渗透系数，m/d；M' 为弱透水层厚度，m）；

ΔH——深浅含水层的压力水头差，m；

t_2——计算越流时段，d；

F_1——越层补给区面积，m^2。

5. 侧向补给量

侧向补给的水量主要来自相邻地区因地下水位下降和含水层疏干而排出的水量，这只是相邻地区水量的相互调剂，对整个含水层，侧向径流并无变化，水量并没增加。侧向补给量可用式（7-2）估算。

6. 人工回灌量

通过井孔、河渠、坑塘等工程建筑物人为地将地表水渗入地下补给地下水的量称为回灌量，一般采用实测统计方法，也可按回灌工程的类型选择有关公式计算，确定人工回灌量。

（二）排泄量

1. 潜水蒸发量

潜水埋深较小时，蒸发量可达到相当的数值。潜水蒸发是地下水的排泄，或叫负补给。潜水蒸发量与其埋深、土壤毛细管力、气候条件等有密切关系，地下水埋深较浅时，主要决定于蒸发力，地下水埋深较大时，则主要决定于土壤毛细管力的大小。表7-4为某试验站在粉砂壤土地区观测到的潜水蒸发与潜水埋深及水面蒸发之间的关系。

表 7-4　　轻质土潜水蒸发量表　　单位：mm

水面蒸发 (mm)	潜水埋深 (m)					
	0.5	0.9	1.4	1.8	2.2	2.5
2.0～3.0	—	—	1.62	1.36	1.21	0.38
3.1～4.5	4.18	3.38	2.08	1.97	1.22	0.34
4.6～6.0	4.26	3.85	3.13	2.62	1.12	—
6.1～7.5	6.13	4.04	3.31	2.76	1.10	—
7.6～9.0	6.30	5.12	2.39	2.77	0.73	—
9.1～10.5	7.09	5.35	2.79	2.80	0.42	—
＞10.5	7.47	—	3.71	2.66	0.011	—

潜水蒸发量可利用实测资料分析确定，也可用下式计算：

$$E = cE_0F \tag{7-5}$$

式中　E——潜水蒸发量，m^3；

c——潜水蒸发系数，%，为潜水蒸发量与水面蒸发量的比值，表7-5中的数值可供参考；

E_0——水面蒸发量，m；

F——计算面积，m^2。

2. 地下水的侧向流出量

计算方法与侧向补给量相同。

3. 越层排泄量

计算方法同式（7-4）。

表 7-5　　潜水蒸发系数 c 值表　　单位：%

土　质	潜　水　埋　深　(m)				
	0.5	1.0	1.5	2.0	3.0
亚粘土	52.9	29.8	14.7	8.2	4.6
黄土、亚砂土	80.1	43.1	19.4	8.7	2.8
亚砂土	74.3	25.5	3.2	1.7	—
粉砂土	82.6	47.2	16.8	4.4	—
砂砾石	43.6	41.0	1.4	0.4	—

三、地下水允许开采量估算

允许开采量是指在一定的开采条件下允许从地下水中提取的最大水量。允许开采量的大小，取决于开采地区的水文地质条件和开采条件，但主要取决于一定时期内的地下水补给量。常用的允许开采量的确定方法有：

1. 实际开采量调查法

如某地区平水年年初与年末浅层地下水水位基本一致，则该年地下水的实际开采量即可代表该地区多年平均地下水可开采量。这种方法适用于浅层地下水开采程度较高，开采量调查统计较准，水位动态相对较稳定的地区。

2. 开采系数法

开采系数是指一个地区多年平均地下水开采模数与多年平均地下水补给模数之比，或地下水多年平均实际开采量与多年平均补给量的比值。这种方法适用于对浅层地下水有一定开发利用水平，地下水研究程度较高并有较长系列开采量统计与水位动态观测资料的地区。开采系数的确定，可参考以下几点：

(1) 地下水开采条件良好，单井单位降深出水量大于 $20m^3/(h \cdot m)$，地下水埋深大，参考取值为 0.85～0.95。

(2) 地下水开采条件一般，单井单位降深出水量在 $5 \sim 10m^3/(h \cdot m)$ 左右，地下水埋深较大，实际开采程度较高的地区或地下水埋深较浅，实际开采程度较低的地区，参考值为 0.75～0.85。

(3) 开采条件较差，单井单位降深出水量小于 $2.5m^3/(h \cdot m)$，地下水埋深较小，开采程度低，开采困难的地区，参考取值为 0.6～0.7。

3. 水量均衡法

水量均衡法是对地下水开采资源作为消耗量的一项来考虑，建立开采条件下的地下水量均衡方程

$$\pm \mu F \Delta H = (W_r - W_c) + (W_b - W_t - W_g) \tag{7-6}$$

式中　μ——区内含水层的平均给水度；

F——含水层面积，m^2；

ΔH——在时段内水位的平均变幅，m；

W_r——侧向流入量，m^3；

W_c——侧向流出量，m^3；

W_b——垂向补给量，m^3；

W_t——天然垂向消耗量，m^3；

W_g——允许开采量，m^3。

$$W_g=(W_r-W_c)+(W_b-W_t)\mp\mu F\Delta H \tag{7-7}$$

在多年平均情况下，总补给量应等于总排泄量，因此有：

$$W_g=(W_r-W_c)+(W_b-W_t) \tag{7-8}$$

四、井灌区供需水量平衡计算

井灌区供需水量平衡计算，应着眼于农业灌溉，还应考虑工业用水、生活用水以及其他用水。

为了叙述方便，现举例说明井灌区供需水量平衡计算的方法。

【例 7-1】 某井灌规划区，灌溉面积为 26437 亩，要求灌溉设计保证率为 75%，现有规划区 1964～1977 年地下水、灌溉需水量的系列资料以及多年平均地下水埋深与含水层厚度等方面的资料，试进行供需水量平衡计算。

解：

（1）确定灌溉用水量。根据作物种植结构，灌溉制度等，逐年计算出灌溉用水量，由小到大，列于表 7-6。

表 7-6　　水量平衡计算表

序　号	水文年	地下水允许开采量（万 m^3）	灌溉用水量（万 m^3）	平衡差值 +	平衡差值 −	灌溉用水保证率（%）
				万 m^3	万 m^3	
1	2	3	4	5	6	7
1	1973	729.69	259.21	470.75		6.7
2	1964	585.89	259.21	326.70		13.3
3	1977	398.17	259.21	138.96		20.0
4	1971	397.84	345.59	52.25		26.7
5	1976	389.51	345.59	43.92		33.3
6	1969	383.17	345.59	37.58		40.0
7	1974	373.51	345.59	27.92		46.7
8	1966	370.73	345.59	25.14		53.3
9	1975	292.32	437.32		145.00	60.0
10	1970	283.65	437.32		153.67	66.7
11	1967	262.96	437.32		174.36	73.3
12	1968	223.88	437.32		213.44	80.0
13	1965	172.84	437.32		264.48	86.7
14	1972	152.47	437.32		248.85	93.3

（2）确定地下水允许开采量。

（3）各年份供需水量平衡计算及灌溉用水保证率的计算。计算结果表明，该井灌区 14 年中有 8 年供水量满足灌溉需要，但灌溉用水保证率最高只有 53.3%，达不到设计灌溉保证率 75%的要求。可采取以下措施进行调整：

1）地表水和地下水联合运用，对不足部分可用地表水进行补充。

2）减少灌溉面积，缩小规划规模。

3）采用节水灌溉技术，扩大节水作物种植比例。

五、地下水资源水质评价

用作灌溉水的地下水水质评价主要考虑水文、矿化度及地下水中溶解的盐类。

水温：我国北方一般要求10～15℃，南方水稻区一般要求15～25℃。

矿化度：通常情况下，灌溉水的矿化度小于1g/L时，作物生长良好；矿化度1～2g/L时，水稻棉花生长良好，小麦受不良影响；矿化度3～5g/L时，灌溉水源充足时，水稻尚能生长，旱作物生长困难；矿化度大于5g/L时，作物基本不能生长。

灌溉用水评价标准，可参看第三章第一节。

常用的灌溉用水水质评价方法有以下几种：

1. 灌溉系数法 K_a

灌溉系数法是目前较常用的一种方法，它是根据地下水中钠离子与氯离子、硫酸根的相对含量，利用经验公式计算得到的，计算公式如表7-7。

表7-7　　**灌溉系数（K_a）计算表**

水型判别式	钠盐存在形式	灌溉系数计算式	备注
$\gamma Na^+ \geqslant \gamma Cl^-$	NaCl	$K_a=\frac{288}{5\gamma Cl^-}$	γ离子 mmol/L
$\gamma Cl+\gamma SO_4^{2-}>\gamma Na^+>\gamma Cl^-$	NaCl，Na_2SO_4	$K_a=\frac{288}{\gamma Na^++4\gamma Cl^-}$	
$\gamma Na^+>\gamma Cl^-+\gamma SO_4^{2-}$	NaCl，Na_2SO_4，Na_2CO_3	$K_a=\frac{288}{10\gamma Na^++5\gamma Cl^-+18\gamma SO_2^{2-}}$	

具体评价标准见表7-8。

2. 钠吸附比（A）值法

计算公式为

$$A=\frac{Na^+}{\sqrt{Ca^{2+}+Mg^{2+}}} \tag{7-9}$$

式中　Ca^{2+}、Mg^{2+}、Na^+——该粒子的每毫升摩尔数。

当 $A\geqslant 20$ 时，为有害水，可以灌溉但不安全。

当 $A\leqslant 8$ 时，为无害水。

当 $8<A<20$ 时，为有害边缘水。

表7-8　　**灌溉系数评价标准**

灌溉系数值	评价
$K_a>18$	为良好水质
$6\leqslant K_a\leqslant 18$	可以灌溉，但要采取措施，防止盐分积累
$1.2\leqslant K_a<6$	不大适于灌溉，但在加强排水条件下，可以作灌溉水源
$K_a<1.2$	不适于作灌溉水源

六、地下水资源合理利用与保护

地下水资源是有一定限量的，地下水开发利用量一旦超过期限量，将导致一系列环境问题的产生，从而直接影响人们的生活和生产活动，因此，必须加强地下水的合理利用和保护，为此应做好以下几个方面的工作。

（1）做好地下水资源的调查工作，查清

地下水埋藏分布情况及水质特征，确定地下水的开采量，在此基础上，做好科学的地下水开发利用规划。

(2) 进行地下水资源预测、预报，制定科学的地下水调度方案，充分发挥地下水资源的综合效益。

(3) 水源地的选择要考虑水文地质条件，易造成污染的厂矿应设在远离水源地的下游，应根据生态农业的要求，严格控制化肥、农药等对地下水资源的污染。严格控制工业废水的排放浓度。

(4) 建立地下水监测网。

第二节 单 井 设 计

井是开发利用地下水的取水建筑物，进行井灌区规划，必须选好井型，搞好单井设计。

一、井型选择

由于地下水的埋藏条件不同，井的型式也多种多样，现将常用井型作简单介绍。

1. 管井

井径较小（一般小于0.5m），井深较大的水井称为管井，见图7-2。管井是使用最广泛的井型，开采深层承压水或浅层潜水时均可采用。管井采用钻机施工，成井快、质量好、成本低。

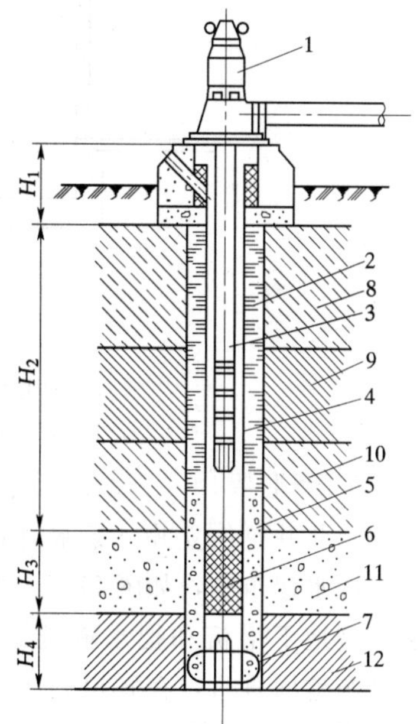

图7-2 管井示意图

1—水泵；2—井管封闭物；3—泵管；4—井壁管；5—滤料；6—过滤器；7—井管扶正器；8、9—非含水层；10—弱透水层；11—含水层；12—隔水层

2. 筒井

井径较大（一般大于0.5m），井深较小的水井称为筒井，如图7-3。筒井施工多采用人工开挖，是开采浅层潜水的主要井型。筒井多用砖石等材料衬砌，也有用混凝土预制管的。筒井具有结构简单、维修容易，取材方便等特点。

3. 筒管井

筒管井是筒井和管井结合使用的井型，如图7-4。它适用于上层潜水含水层厚度小，出水量不大，而下层又有埋藏较浅，富水性较好的承压水地区。

4. 辐射井

由垂直的大口径集水井和沿集水井以辐射状分布的水平集水管（辐射管）组成的井，称为辐射井，如图7-5。集水井的井径一般不小于2.1m，辐射管的长度及埋深根据井的出水量、地下水的埋深而定，辐射管一般沿集水井对称均匀布置6～8根。它具有取水范围大，单位降深的出水量大的特点。它主要用于含水层埋藏浅、厚度薄、透水性强、有补给来源的砂砾石含水层和富水性弱、厚度不大的砂层。

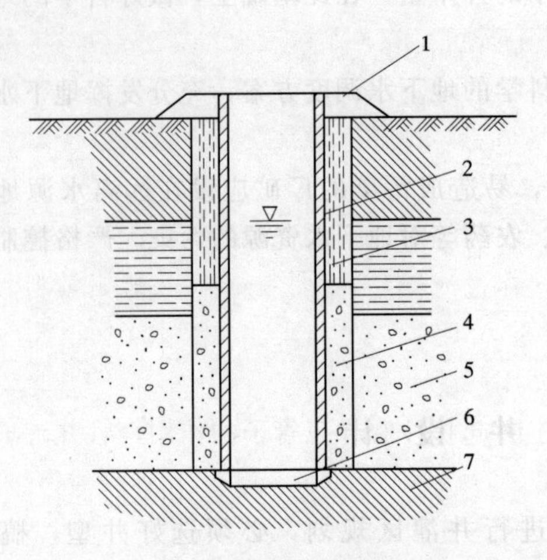

图 7-3 筒井示意图

1—井口；2—井壁管；3—井管封闭物；
4—滤料；5—含水层；6—井盘；7—隔水层

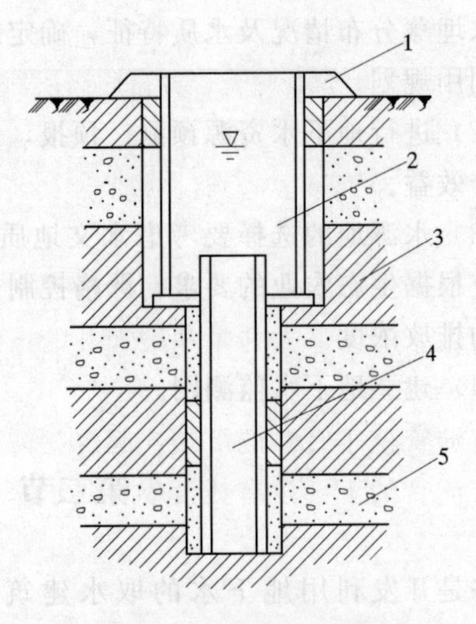

图 7-4 筒管井示意图

1—井口；2—筒井；3—隔水层；
4—管井；5—含水层

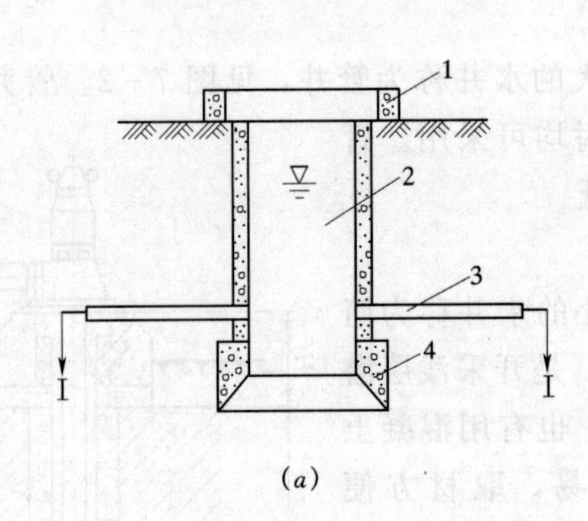

(*a*)

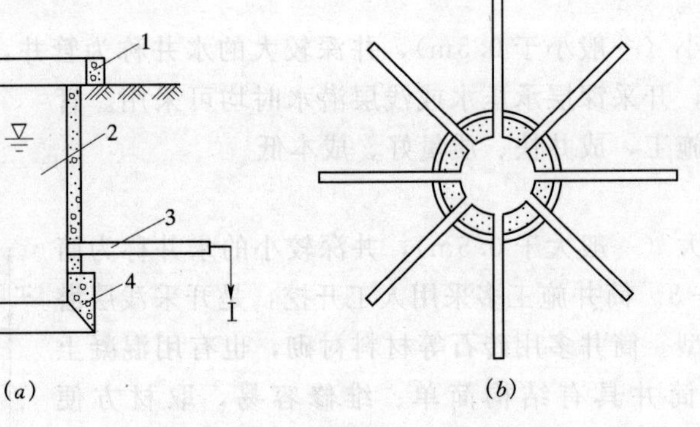

(*b*)

图 7-5 辐射井示意图

(*a*) 辐射井垂直方向示意图；(*b*) 辐射管水平方向断面图

1—井台；2—井筒；3—辐射管；4—井盘

5. 坎儿井

坎儿井是由立井、集水廊道组成的地下水平取水建筑物，如图 7-6。集水廊道是用来拦截地下潜流和把水输送到地面的通道，立井与地面垂直，在廊道施工过程中用于取土和通风。它适用于地下水埋藏浅，含水层厚度薄，地面坡度较陡的地区。

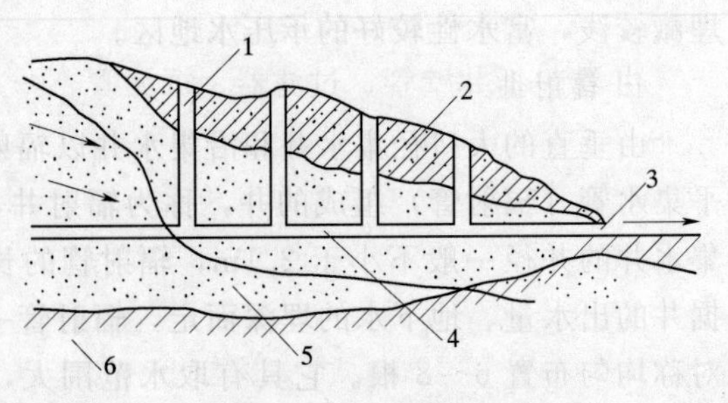

图 7-6 坎儿井示意图

1—竖井；2—弱透水层；3—明渠；
4—暗渠；5—含水层；6—隔水层

二、管井设计

(一) 管井的结构

管井一般由井口、井壁管、过滤器和沉淀管等部分组成，如图 7-2 所示。

1. 井口

井口部分主要指井台，井台应高于地面，稳固结实，以便装置水泵和防止杂物进入井内。

2. 井壁管

井壁管为管壁不透水的实管，位于隔水层和不易开采的含水层处，起固井止水作用。

3. 过滤器

过滤器又称滤水管，是管井的进水部分，安装在需开采的含水层处，起拦沙滤水的作用，为防止泥沙进入井中和增加井的出水量，在过滤器和井孔之间应填入砾石填料。

4. 沉淀管

沉淀管位于管井的下端，起沉淀泥沙的作用。

沉淀管的下部设有托盘或导向木塞，施工时起托住和导正管子的作用，管井建成后即为井底。

（二）井孔和井管直径的确定

井孔直径和井管直径有密切关系，井孔直径取决于井管直径，井管直径的确定，受含水层厚度、渗透性能、单井出水量、安装井泵规格尺寸等因素影响。在具体确定过程中，主要是确定管井过滤器的外径。

过滤器的外径应满足下式要求：

$$D \geqslant \frac{Q_t}{\pi L p v} \qquad (7-10)$$

式中 D——过滤器外径，m；

Q_t——管井的设计出水量，m^3/s；

L——过滤器长度，m；

p——过滤器表面进水有效孔隙率，一般按过滤器表面孔隙率的50%考虑；

v——允许入管流速，m/s，在设计时可参考表7-9所列值。

井孔直径除应能下入井壁管和过滤器，还应满足填砾的要求，一般采用非填砾过滤器时，井孔终孔直径比井管外径大100mm以上，采用填砾过滤器时，粗、中砂层应在200mm以上，细、粉砂层应在300mm以上。

表7-9 允许入管流速表

含水层渗透系数 (m/d)	允许入管流速 (m/s)
>120	0.030
81～120	0.025
41～80	0.020
21～40	0.015
<20	0.010

（三）井管的选择

井管包括井壁管、过滤器、沉淀管。一般根据井深、水质、技术和经济条件等选用钢管、铸铁管、钢筋混凝土管、混凝土管、塑料管等管材。各种管材适宜深度见表7-10。

表7-10 各种管材适宜深度表

管材类型	钢　管	铸铁管	钢筋混凝土管	混凝土管
适宜深度（m）	>400	200～400	100～200	≤100

（四）过滤器设计

过滤器按结构可分为非填砾过滤器和填砾过滤器，采用何种过滤器可根据其适用条件进行选择，各种过滤器的适用条件见表 7-11。

表 7-11　　各种过滤器的适用条件及管材适用表

过滤器类型		适用的含水层岩性	管　材
非填砾过滤器	穿孔过滤器	卵、砾石	钢管、铸铁管、钢筋混凝土管
	缠丝过滤器	粗砂、卵石、砾石	
填砾过滤器		各种岩性	钢管、铸铁管、钢筋混凝土和多孔混凝土管

1. 非填砾过滤器

非填砾过滤器包括穿孔过滤器和缠丝过滤器两种。

（1）穿孔过滤器。穿孔过滤器其管壁设有圆孔或条孔，圆孔直径或条孔宽度取决于含水层颗粒的大小及其均匀度，其规格按下式计算：

$$d \leqslant (3 \sim 4) d_{50} \tag{7-11}$$

式中　d——圆孔直径，mm，一般不大于 21mm；

d_{50}——过筛累计重量为 50%时的颗粒粒径，mm。

圆孔多呈梅花形排列，水平孔距 a 为（3～5）d，垂直孔距 b 为水平孔距的 2/3。圆孔在过滤器上的开孔率，可用式（7-12）计算

$$p = \frac{\pi d^2}{4ab} \tag{7-12}$$

条孔宽度为（1.5～2.0）d_{50}，一般不大于 10mm，条孔长度为条孔宽度的 8～10 倍，条孔间距为条孔宽度的 3～5 倍，一般不超过 20～25mm。

对于不同管材的穿孔过滤器，为了保证管材的强度，其开孔率有所不同，在设计时开孔率的大小可参考表 7-12 值。

表 7-12　　不同管材穿孔过滤器开孔率表　　单位：%

管材类别	钢　管	铸铁管	塑料管	石棉水泥管	钢筋混凝土管	混凝土管
圆孔开孔率	30～32	20～22	17～20	15～17	15～18	10～15
条孔开孔率	32～35	22～25	20～22	17～20	17～20	12～17

（2）缠丝过滤器。缠丝过滤器设计主要确定缠丝间距，对于均质砂质含水层其间距为（1.0～1.6）d_{50}，不均质砂质含水层其间距为 $d_{30} \sim d_{40}$。缠丝可用 2～3mm 的镀锌铁丝、不锈钢丝或玻璃纤维增强聚乙烯丝。

2. 填砾过滤器

填砾过滤器包括穿孔过滤器、缠丝过滤器和无砂混凝土过滤器等形式。穿孔过滤器和缠丝过滤器的规格尺寸同非填砾过滤器，无砂混凝土过滤器主要是原料配制，一般要求采用标号不低于 425 号的普通硅酸盐水泥；含水岩层为粉、细砂时，骨料粒径一般为 3～8mm，中砂时，骨料粒径为 5～10mm，粗砂时，骨料粒径为 8～12mm；灰骨比一般采用

1∶4.5；水灰比一般采用0.28～0.30。

由于人工滤料比天然形成的滤水层均匀，不仅能有效地防止涌沙，还能增大管井的出水量，因此在生产中，只要有合适的料源，对于各种含水层，一般均选用填砾过滤器。

（五）填砾设计

1. 填砾的质量和规格

填砾的粒径大小对井的出水量和井的使用寿命有很大关系，粒径过大，起不到拦沙的作用，井将出现涌沙现象；粒径太小，透水性减弱，减少井的出水量。填砾的平均粒径一般为（8～10）d_{50}。

填砾要求质地坚硬，磨圆度好，具有很好的渗透力和阻沙的能力，不易因化学作用而腐蚀破坏，尽可能采用石英砂砾石，长石次之。

2. 填砾的厚度

为了保证填砾过滤器能经常有效地工作，必须有一定的填砾厚度，太薄可能起不到拦沙的作用，太厚会造成洗井困难，且不经济。一般情况下，中粗砂含水层，填砾厚度不小于100mm；细砂以下含水层，填砾厚度不小于150mm。

3. 填砾高度

填砾的高度应根据过滤器的位置确定，填砾的高度一般要求上部高出过滤器8m以上，以防止洗井、抽水后填砾下沉露出过滤器；下部低于过滤器2m以上，以防过滤器下端涌沙。

4. 填砾的数量

由于钻机在钻进过程中，沙层有坍塌，井孔壁很不规则，因此填砾数量有所增加，可按下式计算

$$V=\alpha\frac{\pi}{4}(D^2-d^2)L \qquad (7-13)$$

式中 V——填砾数量，m^3；

D——钻孔直径，m；

d——过滤器外径，m；

L——填砾段的长度，m；

α——超径系数，一般为1.2～1.5。

（六）沉淀管设计

机井抽水过程中，一部分泥沙不可避免地随水进入井中，所以井的下部需要设置沉淀管。沉淀管的长度根据井深和含水层岩性确定，松散地层中的管井，一般为4～8m，基岩中的管井，一般为2～4m。

（七）井管外部封闭

为防止地表污水沿井管外渗入含水层中，造成井水污染，最上层填砾顶部至井口段，应先用粘土球或粘土块封闭5～10m，剩余部分可用一般粘土填实。井口周围应用粘土球或水泥砂浆封闭，深度一般不应小于3m。

为隔离水质不良和不计划开采的含水层，以防止井水水质恶化或开采含水层水量减少，应对含水层上下进行封闭，封闭位置应超过拟封闭含水层上下各5m以上。

用粘土球或粘土块封闭，其含水量不宜大于5%；用水泥砂浆封闭，一般用1∶1～1∶2的水泥砂浆。

三、管井的成井工艺

（一）施工前的准备工作

1. 钻机的安装

（1）钻机应安装在平坦、坚硬、软硬均匀的基础上，对软弱地基应作加固处理。钻机机台必须水平、稳固，保证在施工过程中钻塔中心稳定。

（2）安装钻塔前，需对设备进行认真检查，符合要求后方可安装。

（3）安装时应注意安全，起钻塔时，卷扬机应低速运转，保持平稳，防止钻塔倾倒、破坏。

（4）钻机安装结束后，钻机转轮中心、转盘（或立轴）中心与井孔中心必须保持在一条铅直线上。

2. 泥浆池及循环系统的设计与开挖

泥浆循环系统包括泥浆池、泥浆搅拌池、沉淀坑及输浆沟等。泥浆系统布设是否合理，关系到钻井质量和钻进效率，及泥浆泵的寿命。不同类型的钻机对泥浆系统有不同的要求。回转式钻机泥浆系统的布设如图7-7所示。

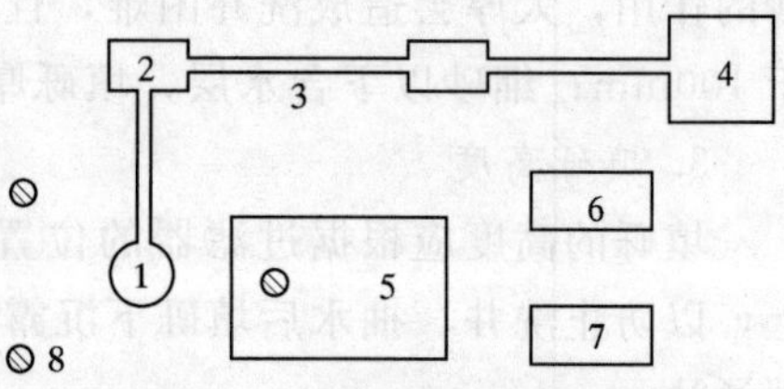

图7-7　泥浆循环系统图

1—井孔；2—沉淀池；3—输浆沟；4—泥浆池；5—钻机；6—泥浆泵；7—动力机；8—钻塔腿

（二）泥浆配制

泥浆是微小的粘土颗粒在水中的分散，并与水混合成半胶体的悬浮溶液。它在凿井施工中起固壁、携沙、冷却、润滑、堵漏等作用。

泥浆配制，应事先将所用粘土捣碎，用水把粘土浸泡，然后用人力反复搅拌，并根据情况加水，直到达到要求。也可用机器搅拌，搅拌好后即放入泥浆池。配置泥浆加入粘土的数量可用下式求得：

$$P=\frac{\gamma_1(\gamma-\gamma_2)}{\gamma_1-\gamma_2} \tag{7-14}$$

式中　P——配制$1m^3$泥浆需加入粘土的数量，t；

γ_2——水的密度，g/cm^3；

γ——泥浆的密度，g/cm^3；

γ_1——粘土的密度，g/cm^3。

配置泥浆用的粘土，应含沙量少、可塑性强、致密细腻、遇水易散、吸水膨胀。

（三）钻进

井孔钻进方法有冲击钻进、回转钻进和潜孔锤钻进3种。

冲击钻进，是借助于冲击力破碎岩石的一种方法，适用于土层、砂层、砾石层、卵石层等松散地层。

回转钻进是在动力机带动下，通过钻机的转盘或动力头驱动钻杆和钻头在孔底回转，对地层进行切削和研磨成孔，适用于各种土、砂、砂砾及岩石层，在松散的土层、砂层中钻进，效率更高。

潜孔锤钻进是利用压缩空气为动力，可正反循环钻进，驱动钻头破碎岩石和排出岩屑，尤其适用于富水性差的坚硬基岩。

（四）岩层采样

岩层采样是为了了解含水层的岩性、结构以及颗粒组成，为全面评价含水层的特征及对过滤器的设计进行校核与安装提供主要依据。

采样时，应尽量使岩（土）样准确反映原有地层的岩性、结构及颗粒组成，采取鉴别地层的岩（土）样，在非含水层中3～5m采一个，含水层2～3m采一个，变层处加采一个。采取试验用（土）岩样，在厚度大于4m的含水层中，每4～6m取一个，当含水层厚度小于4m时，应取一个。岩（土）样重量不得小于：砂1kg，圆砾3kg，卵石5kg。岩（土）样必须按地层顺序存放，及时编录和描述。

（五）疏孔、换浆和试孔

疏孔的目的是将钻井过程中在孔壁上形成的泥皮去掉，并进一步调直井孔，达到上下通畅。疏孔一般用与设计井孔规格相适应的疏孔器进行。

换浆就是不断地向靠近井孔的泥浆循环沟中均匀的注入少量清水，使流出孔口的泥浆逐步稀释，便于岩屑沉淀。换浆的目的是清除孔内稠泥浆和孔底沉淀物，以保证下管深度、填砾质量、便于洗井，提高成井质量。换浆应达到的质量要求是，泥浆相对密度一般在1.1以下，孔口捞取无粉砂沉淀，出孔泥浆与入孔泥浆性能接近一致。

试孔的目的是在下管前最后一次检查井孔是否圆直和上下畅通，校正孔深，以便顺利、安全下管。试孔时，将试孔器连接在钻杆上，下入孔内，如试孔器顺利下到孔底，说明井孔圆直，孔壁光滑。如中途遇阻，就要进行修孔，直至试孔器上下无阻为止。

（六）井管安装

井管安装前，应按质量要求对井管的质量进行检查，并预先按照井孔岩层柱状图及井管安装设计图对全部井管进行排序并编号。

井管的下入方法，应根据井深、管材类型、管材强度与重量以及起吊设备条件等进行选择。井管在井孔中的重量小于管材允许抗拉强度和钻机安全负荷时，可采用悬吊下管法；当井管重量大于钻机安全负荷时，可采用浮板悬吊下管法或两次下管法；井管在井孔中的重量超过管材允许抗拉强度时，可采用钢丝绳托盘下管法。下面主要介绍悬吊下管法和钢丝绳托盘下管法。

1. 悬吊下管法

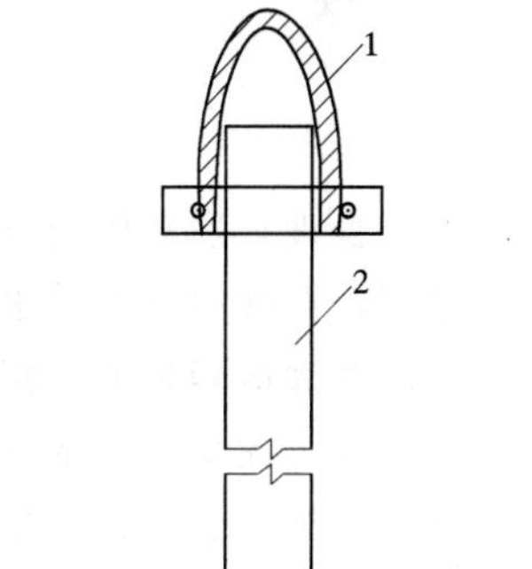

首先将第一根井管，即沉淀管装上木导向、找中器和铁夹板，套上钢丝绳套，并将钢丝绳套挂在滑车吊钩上，锁上保险销，而后起吊。起吊时，将管扶正，对准中心，慢慢下入孔内，使铁夹板搁置在预先安设在井孔两侧的方木上，用以支撑井管重量，如图7-8所示。而后用同样的方法吊起下一根井管，当上下两根管对正后，可使刚吊起的井管缓慢下

图7-8 悬吊下管法
1—钢丝绳套；2—井管；3—管箍；4—铁夹板；5—方木

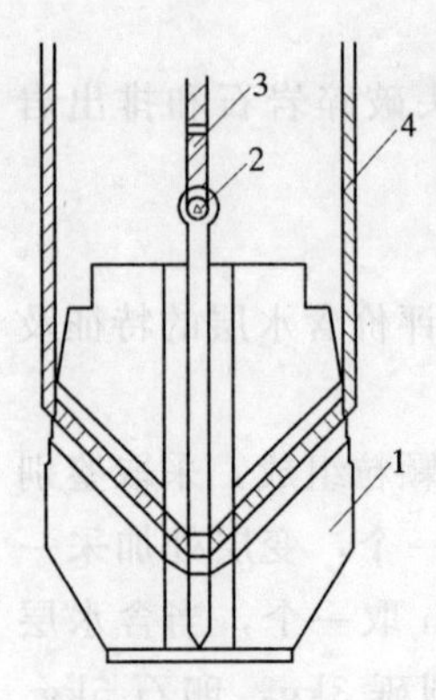

图 7-9　托盘示意图
1—托盘；2—销钉；
3—中心绳；4—兜底绳

降，使两管口对准接合，拧紧丝扣或对焊使其连接牢固。然后将井管微微吊起，卸掉钢丝绳和铁夹板，再将井管徐徐下入井孔中，并使铁夹板落在方木上，卡住井管。如此往复，直到下完为止。悬吊下管法适用于金属管材。

2. 钢丝绳托盘下管法

是由钢丝绳通过销钉和托盘连接在一起，销钉上连有中心绳，如图 7-9。下管时，将井管置于托盘上，随着托盘的不断下放，井管一根接一根的下入井孔中，井管下完后，放松吊重钢丝绳，拉起中心绳将销钉拔出，钢丝绳与托盘分离，抽出钢丝绳，将井管顶部固定与井孔中心。钢丝绳托盘下管法主要用于混凝土井管的安装。

（七）填砾和管外封闭

填砾的方法有循环水填砾和静水填砾两种，以循环水填砾为好。填砾时，必须连续、均匀、速度适宜，应及时测量填砾高度，核对数量。

管井封闭材料的填入方法与填砾方法相同。

（八）洗井和试验抽水

洗井的目的是为了清除井内沉淀的泥沙岩屑、泥浆和井孔壁上的泥浆皮，冲洗渗入含水层中的泥浆，抽出含水砂层中的细小颗粒，以便在过滤器的周围形成由粗到细的良好的天然滤水层，以增大过滤器周围的渗透能力和进水能力，尽可能提高井的出水量。洗井后，井的出水量应达到设计要求，井水含沙量应在规定范围内。

为了确定井的实际出水量，应在洗井结束后，进行试验抽水。试验抽水时的出水量，一般应达到或超过设计出水量，如限于抽水设备条件不能达到上述要求时，也不能小于设计出水量的 75%。

第三节　井灌区规划

为了合理开发利用地下水资源，必须根据井灌区的水文地质条件、气象条件以及作物的用水等，在确定可开采水量的基础上，进行井灌区规划。

一、井灌区规划的原则

1. 统筹安排，合理配置

井灌规划是农田基本建设的重要组成部分，规划时应根据当地的自然条件和工农业生产发展的需要，全面规划，合理配置。应充分利用地表水，合理开发地下水，地表水和地下水统一调配，实行多水源联合运用。应兼顾农业、工业、生活以及生态用水，优化配置水资源。

2. 旱、涝、碱综合治理

开发利用地下水，还必须与旱、涝、洪、渍、碱的治理统一规划，做到兴利和除害相结合。在地下水位较高地区，利用浅层地下水灌溉，同时降低了地下水位，起到了防渍治碱的作用。在地下水超采地区，充分利用洪涝水进行回灌，一方面可减轻洪涝灾害，另一方面可保持地下水稳定，保证灌溉用水。

3. 浅、中、深合理布局

为防止机井抽水时相互干扰，影响井的出水量和井的使用寿命，应根据灌溉用水要求，考虑浅、中、深地下水结合利用，做到分层取水、合理布局。当然，在条件允许的情况下，应优先开采浅层水。

4. 讲究经济效益

规划时，应做出不同方案，进行经济效益分析，选定最优方案。

二、井位和井网的布置

井位和井网的布置直接关系到灌溉效益，布置时应注意以下几点：

（1）井位应根据具体条件选定，水力坡度较大地区，沿等高线交错布井，如图 7－10；水力坡度较小地区，应采用梅花形或网格布井，如图 7－11、图 7－12。

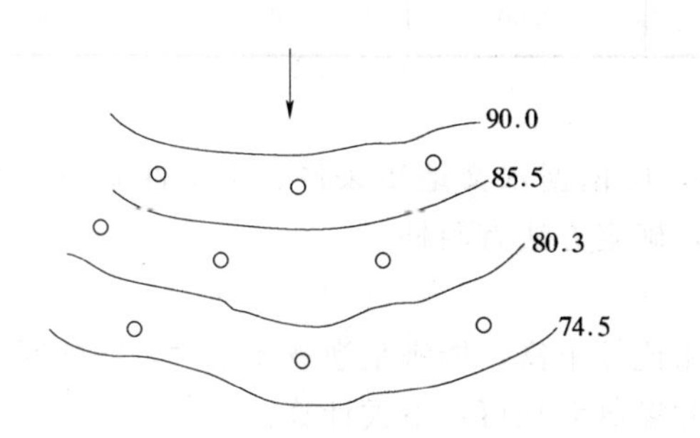

图 7－10 沿等水位线布井图

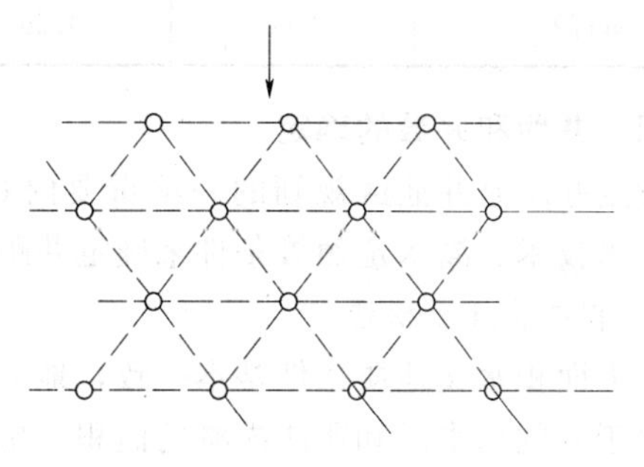

图 7－11 梅花形布井图

（2）地面坡度大或起伏不平，井位应布置在高处；地势平坦，井位应布置在田块中间；沿河地带，平行河流布井。

（3）布井井行应与地下水流向垂直。

（4）布井时应注意与输变电线路、道路、林带、排灌渠系相互结合，统筹安排。

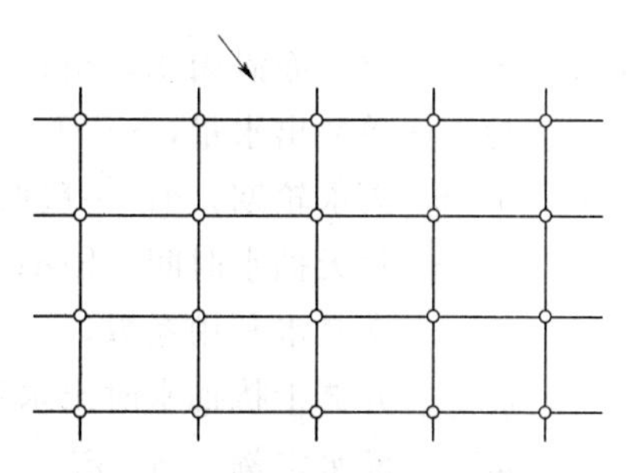

图 7－12 网格形布井示意图

三、井深的确定

井深应根据水文地质条件和单井设计出水量来确定。具体方法为：

（1）收集设计地区的水文地质条件。

（2）确定砂层出水率。砂层出水率是指每米砂层在水位降深 1m 时的水井出水量。可根据当地抽水试验资料确定，也可参考表 7－13 选用。

（3）确定水位降深。采用离心泵抽水时，一般取 4～6m。

（4）确定机井深度。根据设计出水量和水位降深值，可按下式计算拟开采的含水层厚度。

$$Q=(q_1H_1+q_2H_2+\cdots+q_nH_n)S \tag{7-15}$$

式中 Q——单井出水量，m^3/h；

q_1、q_2，…，q_n——各砂层的出水率，$m^3/$（h. m. m)；

H_1、H_2、…、H_n——各砂层的厚度，m；

S——设计水位降深，m。

按上式计算出拟开采的含水砂层厚度，再加上隔水层厚度和沉淀管长度，即得机井的深度。

表 7-13　　各种砂层出水率值表　　单位：$m^3/(h.m.m)$

井型及管径(mm) 含水层岩性	管井		筒井		
	200	300	500	700	1000
粉砂	0.10	0.15	0.20	0.30	0.40
细砂	0.20	0.30	0.40	0.60	0.80
中砂	0.40	0.50	0.60	0.80	1.00
粗砂	0.60	0.80	1.00	2.00	3.00
砂砾石	1.00	1.50	2.00	3.00	5.00

四、井距和井数的确定

确定井距是井灌区规划的一项重要内容，应依据水文地质条件、土壤性质、作物布局、灌水技术、灌水定额等条件来确定井距，确定方法有两种。

1. 单井灌溉面积法

在大面积水文地质条件基本一致，地下水比较丰富，能满足灌溉要求时，井的间距主要取决于井的出水量和所能灌溉的面积。单井灌溉面积可用下式计算：

$$F=\frac{QTt\eta(1-\eta_1)}{m} \tag{7-16}$$

式中　F——单井灌溉面积，亩；

Q——单井出水量，m^3/h；

T——灌水轮期，d；一般取 7～10d；

t——每天抽水时间，h/d；一般为 20h/d 左右；

η——灌溉水利用系数；

η_1——井群干扰抽水时出水量削减系数，北方旱作物区一般采用 0.1～0.3；

m——灌水定额，m^3/亩。

计算出单井灌溉面积后，即可根据井网的布置形式确定井距。

当正方形布井时，单井控制面积应为 $F=D^2$，则

$$D=\sqrt{667F} \tag{7-17}$$

当梅花形布井时（图 7-13），$F=Db=\frac{\sqrt{3}}{2}D^2$，$b=\frac{\sqrt{3}}{2}D$，则

$$D=\sqrt{770F} \tag{7-18}$$

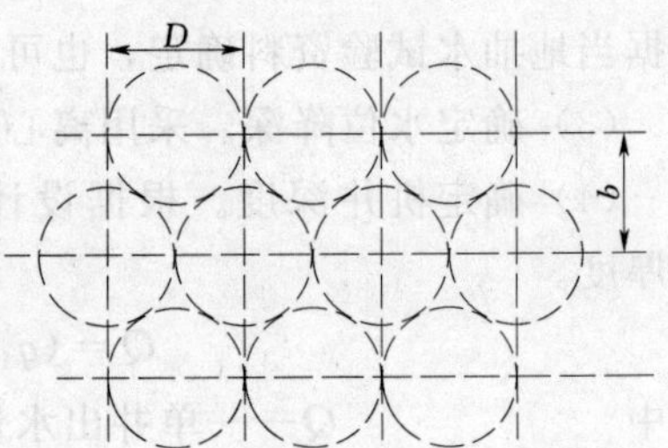

图 7-13　梅花形网状布井示意图

式中　D——井的间距，m；

b——井的排距，m。

【例 7-2】 某井灌区采用梅花形布井，单井出水量 $40m^3/h$，每天抽水 16h，轮灌期 10d，灌水定额 $40m^3$/亩，灌溉水利用系数 0.85，削减系数 0.1，试求单井灌溉面积和井距。

解：

(1) 单井灌溉面积

$$F=\frac{QTt\eta(1-\eta_1)}{m}=\frac{40\times16\times10\times0.85\times(1-0.1)}{40}=122 \text{ 亩}$$

(2) 井的间距 $D=\sqrt{770F}=\sqrt{770\times122}=307\text{ m}$

井的排距 $b=\frac{\sqrt{3}}{2}\times307=266\text{ m}$

2. 开采模数法

当地下水不足，不能满足作物需水要求时，如按作物需水要求布井，地下水将会超采，这是不允许的，这时需按允许开采量进行布井，则井数可按下式计算：

$$N=\frac{q}{QTt} \tag{7-19}$$

式中 N——每 km^2 平均井数，眼/km^2；

q——地下水可开采模数，$m^3/(km^2\cdot a)$，是指 1 年内单位面积允许开采量；

Q——单井出水量，m^3/h；

T——水井每年抽水天数，d；

t——水井每天抽水时数，h。

单井控制灌溉面积可用下式计算：

$$F=\frac{1500}{N} \tag{7-20}$$

根据井的布置形式，井距可用式（7-17）、式（7-18）计算。

五、井灌区渠系布置

井灌区大多各井自成独立灌溉系统，控制的灌溉面积较小，因此，井灌区渠系布置基本上与渠灌区的田间渠系布置相同，要同时考虑灌溉、田间交通、机械耕作等方面要求。一般井的位置设在田块中央或一侧，以减少渠道长度，单井控制面积较大时，可布置三级渠道，单井控制面积较小时，可布置两级渠道。

思考与练习

1. 地下水有哪些主要类型？各种类型地下水有何特征？
2. 地下水的补给量与排泄量如何确定？允许开采量如何确定？
3. 如何对地下水的水质进行评价？
4. 常用井型有哪些？如何选择井型？
5. 管井设计的主要内容有哪些？
6. 管井的成井工艺过程包括哪些内容？

7. 井灌区规划的原则是什么？井网的布置有何要求？

8. 如何确定井深？

9. 某井灌区拟进行水井布置，灌区灌溉面积6000亩，设计灌水定额为$50m^3$/亩，每天灌水时间20h，每次灌水延续时间为10d。灌溉时采用低压管道输水，灌溉水利用系数为0.95。拟采用梅花形布井，单井设计出水量为$50m^3/h$。要求确定单井灌溉面积、井距及布井数。

参考文献

1　山西省水利学校王锡赞主编·农田水利学·北京：中国水利水电出版社，1992
2　安徽水利电力学校李兴旺主编·农田水利学·南京：河海大学出版社，1996
3　李永善，陈珍平编·农田水利学·北京：水利电力出版社，1995
4　杜成义主编·灌排工程工·郑州：黄河水利出版社，1999
5　河北水利专科学校周志远主编·农田水利学·北京：水利电力出版社，1993
6　武汉水利电力大学郭元裕主编·农田水利学（第三版）·北京：中国水利水电出版社，1997
7　房宽厚，赖伟标合编·农田灌溉与排水·北京：水利电力出版社，1993
8　林性粹，赵乐诗等编著·旱作物地面灌溉节水技术·北京：中国水利水电出版社，1999
9　李英能，黄修桥，吴景社等编著·水土资源评价与节水灌溉规划·北京：中国水利水电出版社，1998
10　安徽省水利厅编·淮北地区中低产田综合治理·北京：水利电力出版社，1993
11　秦为耀，丁必然等编·节水灌溉技术·北京：中国水利水电出版社，2000
12　赵竞成，任晓力等编·喷灌工程技术·北京：中国水利水电出版社，1999
13　周群，宋广程，邵君等编·微灌工程技术·北京：中国水利水电出版社，1999
14　郑耀泉，李兴永，党平等编·喷灌与微灌设备·北京：中国水利水电出版社，1998
15　李龙昌，王彦军，李永顺等编·管道输水工程技术·北京：中国水利水电出版社，1998
16　南昌水利水电高等专科学校桑燕珠主编·灌溉排水与管理·北京：水利电力出版社，1991
17　扬州大学水利学院陈珍平主编·农田水利规划设计示例与习题·北京：中国水利水电出版社，1997
18　《水利辉煌 50 年》编纂委员会编·水利辉煌 50 年·北京：中国水利水电出版社，1999
19　中华人民共和国行业标准·SL 56—93《农田水利技术术语》，1998
20　中华人民共和国国家标准·GB 5084—92《农田灌溉水质标准》，1992
21　中华人民共和国国家标准·GB 50288—99《灌溉与排水工程设计规程》，1999
22　中华人民共和国行业标准·SL 207—98《节水灌溉技术规范》，1998
23　中华人民共和国行业标准·SL/T 246—1999《灌溉与排水工程技术管理规程》，2000
24　中华人民共和国行业标准·SL/T 4—1999《农田排水工程技术规范》，2000